JN056923

白井 信雄・栗島 英明 編著

持続可能な発展に向けた
地域からのトランジション

～私たちは変わるのか・変えられるのか

環境新聞社

目　次

◇序章　本書の前提と構成◇

序章の要点

- 転換とは表層的な変化でなく、出来事の根本にある構造やメンタルモデルが変わることである。根本が変わらない限り、問題解決のための“もぐらたたき”を続けなければならない。
- 必要とされる転換とは、分散型国土やコンパクトな市街地づくり、脱物質経済、経済成長至上主義からの脱却、再生可能エネルギーへの転換、地域や市民主導の自治づくりなどである。
- 例えば、環境政策は1990年代より繰り返し、大量生産・大量消費・大量廃棄型の社会経済活動や生活様式の転換の必要性を謳ってきたが、転換は実現できていないのではないか。
- 転換は、ミクロ、メゾ、マクロのレベルの相互作用によって生じる。ミクロなイノベーションがボトムアップでメゾレベルやマクロレベルに波及し、社会経済システムの転換が起こる。それを支援する「トランジション・マネジメント」が期待される。
- 社会経済システムの転換とそれを先導する（あるいは、それに影響を受ける）人の転換の相互作用を捉えることが必要である。また、新しいものの形成・普及だけでなく、古いものを手放すプロセスを捉えることが必要である。
- 人の転換に関する「転換学習」や組織の転換に関する「U理論」では、手放すプロセスを扱っている。
- 本書では、人や地域の転換のプロセス、転換支援の実践事例、目指すべき転換後の社会のあり方を、多角的に記述する。

◇序－1　本書で取り上げる「転換」とは

白井信雄

（1）「転換」が必要だと感じる場面

①散乱ごみから考えるべき「潜在ごみ」問題

地域のごみ拾いを行う活動がある。ごみ拾いをすると景色がきれいになり、体を動かす作業で心身ともに心地よい。しかし、ごみ拾いをすれば、ごみ問題が解決するわけではない。ごみ拾いは問題を考えるきっかけであり、問題の所在をごみの源流をさかのぼって考えることが必要である。なぜ、散乱ごみがあるのか、誰がどのような状況でポイ捨てをしたのか。さらに、捨てた人はなぜ、そのごみになってしまうものを買ったのか、そのごみになってしまうものをつくった企業はそれがポイ捨てをされることに責任をとっているのか。

ここでごみになってしまうものを「潜在ごみ」ということができる[注)]。私たちが便利だとか所有したいとかという欲望から購入するものはすべて、やがてはごみになり、地域に散乱するかもしれない潜在ごみなのである。問題の源流へとさかのぼる段階ごとに対策を考えると、下流側ではごみを捨てないようにする教育やごみ箱の検討という対策があり、上流にさかのぼると潜在ごみに対する企業の責任負担のあり方、潜在的ごみの大量生産・大量消費で成り立つ社会のあり様の見直しにいきつく。

大量生産・大量消費が大量廃棄につながってきたことから、2000年以降、拡大生産者責任（企業が製造したものの使用後の処理に責任を持つ）の考え方に基づいて、法律によりリサイクルの仕組みが整備され、

注）末石（1975）には、飛行機から眼下に広がる街並みを見て、「これは皆ごみ」だと感じたと書いている。同書では、すべてのものはいつかはごみになる「潜在廃棄物」と仮定してごみ問題を考えるべきであり、また「廃棄物めがね」をかけてみることでごみ問題の本質が見えてくると指摘した。

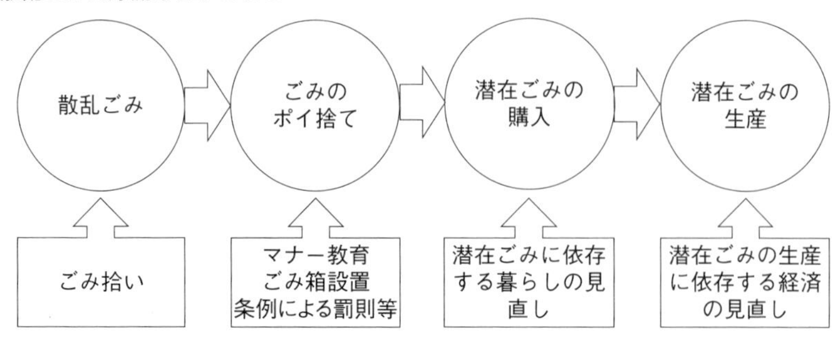

図序―１　散乱ごみ問題の源流さかのぼりと対策

リサイクルが進んできた。しかし、それでも散乱ごみは減らない。潜在ごみともいうべき、ものを大量に循環させる経済や暮らしを変えることが必要ではないか。

このように目の前にある問題から源流をさかのぼり、潜在ごみのように俯瞰的なものの見方をして、根本的な問題を突きとめ、それを変える対策、すなわち転換策を考えることが必要である（**図序―１**）。

②ゼロカーボンの実現に向けた源流さかのぼり

源流をさかのぼった根本的な対策（転換策）の必要性は、気候変動問題対策においても同様である。2050年のゼロカーボンの実現は私たちが取り組むべき、今世紀最大の課題の１つであるが、それだけに小手先の対症療法では解決できない。2010年の目標であった温室効果ガスの排出６％削減であれば、無駄な電気を消しましょう、エコドライブを行いましょう等といった“ちょいエコ”でよかったが、そこに留まっていてはゼロカーボンを実現することはできない。

そこで、散乱ごみと同様に、二酸化炭素の排出の源流をさかのぼり、根本的な対策（転換策）を考え、実践していくことが必要になる。

図序―２に、“食品購入のための移動における二酸化炭素排出の問題”の源流さかのぼりと対策を整理してみた。

再生可能エネルギーで発電した電気を使う電気自動車を買物に利用すれば何も問題がないといえるだろうか。電気自動車だからいいとはいかず、自動車以外の交通手段や買物先の場所の選択等を考えることが必要である。また、食品の自給自足や無駄な食品を購入しないという需要抑制のための対策も必要である。

ゼロカーボンの実現のための対策としては、技術・設備の導入を景気対策としていくようなグリーン成長が重視されがちであるが、地域のコンパクト化、外部依存型の暮らしの見直し、ものを大量に欲しない穏やかな暮らし方といった転換策も視野に入れていかなければならないだろう。技術対策と経済成長によりゼロカーボンを実現するのもいいが、社会の最終目標である豊かさや幸福の実現のためにはそれだけでは不十分だからである。

転換策の必要性はさらに第1章で示す。

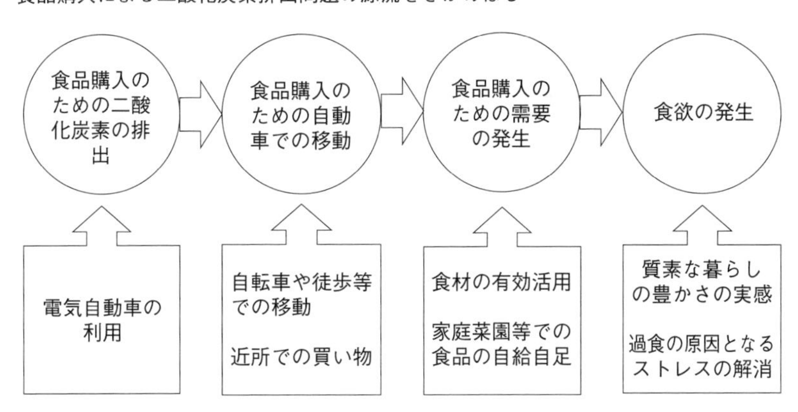

図序―2　食品購入による二酸化炭素排出の源流さかのぼりと対策

（2）「転換」とは何か

①本書で扱う問題の範囲

転換策のイメージをもったとして、本書の位置づけや範囲、視点を説明しよう。

本書は、地域における人と社会の転換をテーマにした環境新聞のリレー連載をまとめたものである。環境問題に関連する転換を中心に扱っている。今日の環境問題の射程は、持続可能な発展にかかる問題に拡張されている。環境問題と社会経済問題は複雑に絡みあっていることから、環境問題と社会経済問題の統合的解決、あるいは根本的解決を図ることが必要であるためである。このため、本書の内容も社会経済面も含めた持続可能な発展に関わるものとなっている。

以下、本書の導入として用語や関連動向、前提となる理論を整理する。

②変化と「転換」の違い

本書では、変化や改善、修正ではなく、転換にこだわる。深刻な諸問題に対して対症療法には限界があるからである。では、転換と変化などはどこが異なるのか。多くの辞書をみると、転換とは「物事の傾向や方針を別の方向に変えること、また、変わること」とある。つまり、慣性のなりゆきを断ち切り、進む方向を変える（変わる）ことが転換である。

なりゆきを断ち切る転換では、物事の表層ではなく、傾向や方針を規定する根本を変えることが必要となる。では根本とは何か。規範（ノーム）、枠組み（パラダイム）、目標（ゴール）、様式（スタイル）、制度や組織（レジーム）、構造（システム）、社会の潮流（トレンド）をあげることができる。

これらの規範や枠組みなどは相互に関連するため、それらが連動しながら動き、全体としての根本が変わっていくことが転換である。

③氷山モデルで考えると

環境問題と社会経済問題が複雑に絡み合う今日においては、目に見える問題だけでなく、問題間の関係や原因をシステムとして捉え、諸問題の根幹にある原因をつきとめ、その原因の改善を図ることが必要となる。この問題の根幹を捉えるために、冒頭に示した潜在ごみや源流さかのぼりのように、ものの見方（めがね）や視点を変えることが必要である。

さらに方法を変えて、「システム思考」による代表的な概念である「氷山モデル」を使って、問題の根幹を捉えてみよう。氷山は海上に見える部分は全体の１割に過ぎないことから、見える部分だけでなく、見えない９割を捉えなければいけない。

気候変動問題を氷山モデルに当てはめたのが**図序－３**である。気候変動対策というと省エネルギーと再生可能エネルギーの技術導入を中心に考えがちであるが、化石資源の大量消費に依存して発展してきた社会経済の構造やメンタルモデルが根幹にあり、見直しが必要となってきている。メンタルモデルは、文化や通念あるいは考え方の前提というようなものである。この構造やメンタルモデルを変えることが転換である。

以上のように、転換は必要であるが、その実現は厄介である。転換を行う構造やメンタルモデルは目に見えにくいうえに、短兵急には変えら

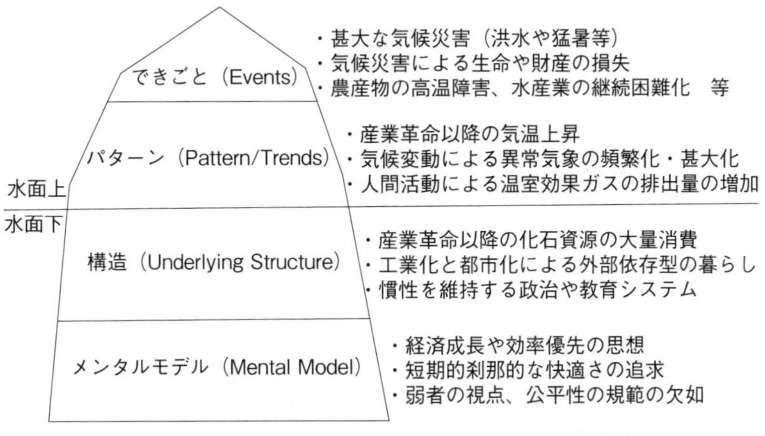

図序－３　氷山モデル（気候変動問題の場合の例示）
出典）ピーター.M.・センゲ「学習する組織」等より作成

れないからである。そのうえ、今、手に入れているものや置かれている状況を変えたくない人が多い。経済的に成功した人に経済成長優先の社会を変えようと訴えても、その声は容易には届かない。

（3）環境基本計画に示された「転換」

①環境基本計画における転換の提示

環境政策においては、早くから問題解決のための転換の必要性を記してきた。特に、気候変動や廃棄物などの不特定多数を発生源とする諸問題が台頭してきた1990年代以降、ライフスタイルや社会経済システムの見直しの必要性が示されてきた。1994年に策定された日本最初の環境基本計画では、「現代の大量生産・大量消費・大量廃棄型の社会経済活動や生活様式の在り方を問い直し、生産と消費のパターンを持続可能なものに変えていく必要がある」とした。

さらに、2000年に策定された第二次環境基本計画（以下、第二次計画）は、「生産と消費のパターンから脱却していくためには、生活様式や事業活動の態様を含めて社会全体にわたって大きな変革を行っていく」必要があるとし、「転換」という言葉を繰り返し使用した。そして、私たちは三つの道への分岐点にたっているとした。

「第一の道は、これまでの大量生産、大量消費、大量廃棄の生産と消費のパターンを今後とも続けていく道」、「第二の道は、現在の社会のあり方を否定し、人間活動が環境に大きな影響を与えていなかった時代の社会経済に回帰する道」、「第三の道は、環境の制約を前提条件として受け入れ、その制約の中で資源やエネルギーを効率よく利用する努力を行いながら、これまでの生産と消費のパターンを見直し、これを持続可能なものに変えていく道」である。

第二次計画は、この第三の道への転換こそが持続可能な発展の姿だとした。

表序－1　環境基本計画におけるキーワードの使用頻度の変遷

キーワード	第一次：1994 年	第二次：2000 年	第三次：2006 年	第四次：2012 年	第五次：2018 年
転換	3	42	23	12	26
変革	4	7	13	14	2
イノベーション	0	0	3	45	28
統合	4	20	29	29	52
同時解決	0	0	0	0	7

②環境基本計画のトーンの変遷

転換を強く打ち出した初期の環境基本計画であるが、時代が進むとともにトーンが変わってきた。5つの計画の文章におけるキーワードの出現頻度から次のことがいえる（**表序－1**）。

・「大量生産、大量消費、大量廃棄」が問題だという記述は、第一次計画で9カ所、第二次計画で12カ所であるが、第三次計画以降は5→3→1と記述箇所数が減少している。

・「転換」という用語の記載箇所数は、計画順に3→42→23→12→26である。第二次計画の傾向を象徴している。

・「イノベーション」という用語の記載箇所数は、計画順に0→0→3→45→28である。第四次計画の傾向を象徴している。

・「統合」という用語の記載箇所数は、計画順に4→20→29→20→52である。環境と経済、社会の統合的発展という考え方を、第五次計画で強く打ち出したことがわかる。

・「同時解決」という用語は第五次計画で7カ所、使われているが、第四次計画以前は同用語が使われていなかった。環境と経済・社会の問題の同時解決というように使われている。

③転換に向けた機運の高まり

第四次計画の傾向の変化は、環境問題解決のために社会経済構造の転換が必要だという認識は2000年代以降に薄れたこと、代わって2000年代以降は「エコロジー的近代化」という路線が強く打ち出されてきたことを象徴している。エコロジー的近代化とは、近代化の弊害である環境問題への対応を組み込みながら、近代化を改良して進めるものである。

しかし、第五次計画においては、2015年に、2020年以降の気候変動対策の枠組みを定めたパリ協定が採択され、脱炭素社会への本格的な舵切りが進められることやESG投資の動きの拡大などの潮流の高まりがあることを踏まえて、「今こそ、新たな文明社会を目指し、大きく考え方を転換していく時に来ている」と記した。

また、第五次計画では「環境問題と社会経済問題の同時解決」という表現を国の環境基本計画としては初めて用いた。これは、環境問題と社会経済問題の根本的原因は社会経済の構造にあり、その転換を図ることで両方の問題を解決することができるという方向性を示している。

④環境政策では何を転換するのか

環境政策における転換とは具体的に何を指すのか。具体的には、環境基本計画における記載内容から、転換すべき根本として、次のことをあげることができる。

環境基本計画に示されている転換

A. 脱炭素社会を実現する分散型国土やコンパクトな市街地づくり
B. 循環型社会を本格的に構築する脱物質経済（サービス主導経済、ミニマムな物質消費）への移行
C. 地域主体が地域資源を活用する地域循環経済の再生
D. 経済成長の量から質への転換
E. 再生可能な資源・エネルギーへの転換
F. 市民が主導する自治社会づくり

以上のように、環境政策では転換の必要性を長く訴え続けているが、環境基本計画における記述や実際の政策は、2つの点で不十分である。

第1に、構造やメンタルモデルを変えることが転換だとした場合、ど

のような構造やメンタルモデルをどのように変えていくのかという具体的な内容が示されていない。今日の環境政策の基本方針となっている「エコロジー的近代化」はあくまで改良・改善であり、脱近代化に踏み込むことが転換なのではないだろうか。「エコロジー的近代化」の方針のもとに、グリーン成長やグリーンリカバリーが叫ばれ、それが主流になっている。それは経済成長を求める構造やメンタルモデルを変えずに、つまり今の生活を変えることなく、そのまま続けることを前提にした技術的開発を続けようという経路依存の姿であることは明らかである。

第2に、転換が枕言葉になっているが、実際に転換をどのように図るのか、そのプロセスが示されていない。つまり、国による規制や課税などの市場の枠組みづくりによるのか、市民や地域主導よるイノベーションに期待するのか、その方針が示されていない。

以上の不十分な2点は、環境基本計画のみならず、2050年カーボンニュートラル実現に向けた計画などにおいても同様である（この詳しい議論は本書の5－2節を参照のこと）。

（4）人・組織・地域の「転換」に関する理論

①ミクロからメゾ、マクロのレベルでの転換

社会全体の転換の経路には様々な場合がある。大きくはトップダウンによる規制や税制などによるもの、人の転換を起点とするボトムアップの動きが形成されたものがあると考えられるが、本書ではボトムアップによる社会転換、特に先行地域からの転換が他地域に波及するプロセスに着目する。このボトムアップによる社会転換に関連する研究成果が、国の環境政策の曖昧な点を埋めることができるだろう。

ボトムアップによる社会転換は、ミクロ（個人を中心としたシステム）なレベルでのニッチなイノベーションがメゾ（地域のシステム）、さらにはマクロ（世界・日本のシステム）のレベルに影響を与え、各レベルの相互作用により、転換の潮流が形成されていくというプロセスと

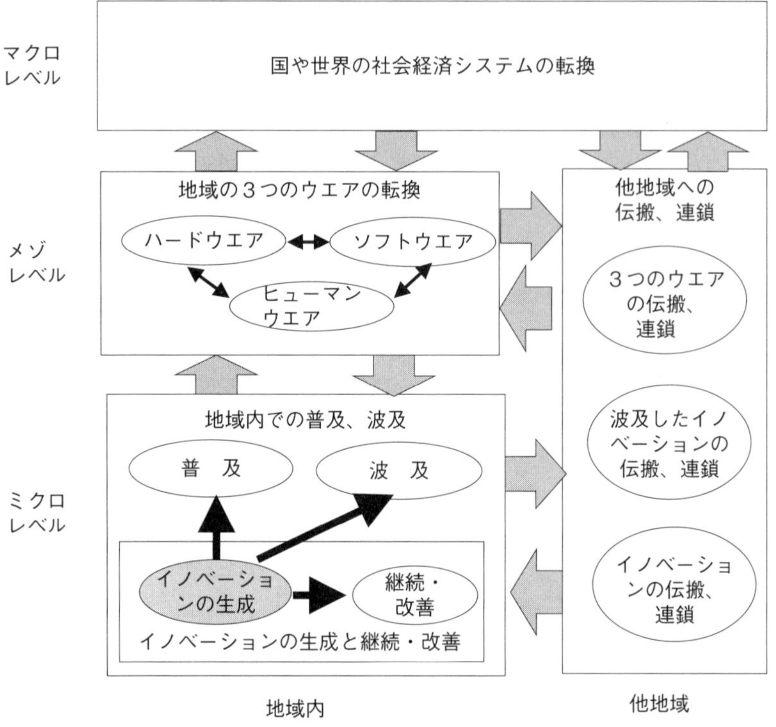

図序－４　転換に至る社会の動的プロセス（不十分）

して説明される（Geels and Schot 、2007）。

このプロセスに着目し、白井（2018）は、再生可能エネルギーによる地域づくりの事例研究から、再生可能エネルギーによる発電事業などのイノベーションの生成が「転換」につながっていくプロセスを、生成、普及、波及、連鎖、転換という５段階で整理した（**図序－４**）。

②人の転換と古いものの代替

白井（2018）の動的プロセスでは、ミクロなイノベーションがメゾレベル、マクロレベルの影響を与え、そのフィードバックがミクロの動きにもたらされることを示している。しかし、社会転換はイノベーションの普及とそれに関連する状況変化だけではないことを考えると、この動的プロセスの説明もまた、2点において不十分である。

第1に、社会の転換と一体的にある、それに関わる特定の個人（キーパーソン）の転換を扱っていない。メゾレベルではヒューマンウエア、すなわち人の意識や人と人との関係（社会関係資本）を扱っているが、そうした全体的なことではなく、特定の個人の動きがあって動的プロセスが活性化している。例えば、エネルギーの地産地消を担う地域新電力の設立は、それを立ち上げようとした特定の個人が何らかの気づきを得て、自己を成長させながら活動をすることで生成し、周りの人を巻き込みながら信念を持った活動をしていくことで地域に普及していく。こうした特定の個人（複数の場合もある）の転換は、社会の転換と一体的にあり、特定の個人の転換と社会の転換を一体として扱った転換モデルが必要である。

第2に、イノベーションの普及はそれによって何かが代替されることであり、新しいものによって既存のものが置き換わるプロセスも含めて転換モデルをつくることが必要である。この代替されるものとは、地域新電力会社の場合では既存の大手電力会社ということになる。大手電力会社と地域新電力会社の市場競争があり、それが地域新電力会社の普及や波及に影響を与える。つまり、社会の動的プロセスはイノベーションの普及という単純なものではなく、それと対応する存在との拮抗のプロセスである。

上記の2点について関連する研究は既にある。特に、教育分野において人の転換、経営分野において組織・人材の転換、計画や政策分野において地域の転換などの研究が進んでいる。これらの分野の研究成果を活用し、レベル間の相互作用のみならず、人の転換や古いものの代替も含めたる統合的アプローチをデザインしていく必要がある。以下では、各分野の研究成果のうち、代表的なものを紹介する。

②人の転換：転換学習

人の転換に関する研究として、生涯学習論における転換学習（Transformative learning）がある。転換学習は変容学習と表記されることが多いが、本書にあわせて、転換学習と表記する。

転換学習の提唱者であるメジロー（2012）は、転換学習とは価値判断や考え方の「枠組み（frame of reference）」あるいは「意味パースペクティブ（meaning perspective）」を変えることだとしている。メジローは、この2つの用語を用いているが同義である。「枠組み」とは、「知覚や認知を統御するもの」で「習慣的な予想のルールシステム（順応であり、個人的なパラダイム）」である。表層的な知識や認知が変わるのではなく、知識や認知の根本にある枠組みが変わることが転換学習である。

さらに、メジローは、転換学習を「（従来の考え方・感じ方・行動の仕方が）うまく機能しないという段階を出発点とし、社会の問題に気づき、役割の自覚、自分の生き方の計画立案、計画を実行するための準備を経て、関係性を築きながら、新たな自分を生き始める」という多段階のプロセスとして捉えている。多段階のプロセスとは以下の通りである。

転換学習のプロセス

- 混乱を引き起こすジレンマ
- 恐れ、怒り、罪悪感や恥辱感を伴う自己吟味
- 前提（パラダイム）の見直し
- 他者も自分と同様の不満と変容プロセスを共有していることの認識
- 新しい役割や関係性のための、別の選択肢の探求
- 行動計画の作成
- 自分の計画を実行するための、新しい知識や技能の獲得
- 新しい役割や関係性の暫定的な試行
- 新たな役割や関係性における、能力や自信の構築
- 新たなパースペクティブの、自分の生活への再統合

この転換学習のプロセスでは次の２点が重要である。第１に、転換学習にはきっかけとなる出来事がある。このきっかけを、メジローは「混乱を引き起こすジレンマ」と表し、目をみはるような議論、本、詩、絵画、既に受け入れてきた前提に矛盾するような異文化の理解がジレンマを生じさせるとした。

第２に、転換学習は「痛み」を伴う。この「痛み」は転換学習のきっかけとして必要なものであるが、一方でこの「痛み」が学習の阻害要因となる。多くの人々はなりゆきの方が安心であり、負担が小さい。なりゆきの行き詰まりという痛みがきっかけとなり、なりゆきを手放すことが阻害要因となる。

多段階の転換プロセスを経験した人は多いのではないだろうか。例えば、筆者は学生時代に脳性麻痺の方の自宅介護のボランティアをしたことがあるが、脳性麻痺の方の暮らしを知らないでいた自分に気づき、それまでの生き方を見直さなければならないと考え、とにかく要請があったら介護に出かけるようになっていた。しかし、それで疎かになることがあり、ジレンマに陥り、その時には介護との関わりを離れることになった。現在、筆者は環境問題を専門にしつつ、環境と福祉の関係にこだわり、環境福祉学を確立したいと思っているが、長い時間をかけた自分なりの転換学習のプロセスだと考えている（あまりに時間をかけた、ゆっくりとしたプロセスであるが）。

③組織・人材開発の転換：U 理論

組織・人材開発分野では、発達心理学や経営学などの研究成果を応用して、意識・行動転換のプロセスを理論化し、組織変革やイノベーションに活用している。その１つがU 理論である（シャーマー、2017）。U 理論は、課題から解決に至るプロセスにおいて、U 曲線を下る動きと上る動きがあるとする。

下る動きでは、過去のパターンを続ける状態を超えるように促す気づきがあり、習慣的な判断の保留、新しい目で観察する視座から感じとる視座への転換、古いものの手放しというプロセスである。上る動きは、手放した状態における未来の迎え入れ、ビジョンの再結晶化、新しいものの実践・実体化というプロセスである。

このＵ理論とメジローの転換学習は共通点が多い。Ｕ理論でも転換学習にいう「枠組み」の再構築を扱っており、Ｕ曲線は転換学習における多段階のプロセスを模式的に理論化しているものとみることができる。

また、Ｕ理論で重要な点として、古いものの手放しというプロセス（Ｕ字曲線の左側）を詳しく扱い、自分を俯瞰する知性の重要性を扱っていることをあげる。手放しのプロセスとは下記である。

Downloading	：自分の思考のいつもの物差しで見る
Seeing	：判断を保留し、現実を新鮮な眼で見る
Sensing	：場に結合し、状況全体に注意を向ける
Presencing	：自分（組織）の無意識から見る＝深い学び

このうち、Sensingでは、自分自身とそれを取り巻く状況を、自分を離れて俯瞰的に捉えることが重要であるとされる。Ｕ理論を確立していく中でシャーマーは発達心理学も参考にしており、Ｕ理論にはロバート・キーガンの成人発達理論で示された発達段階に応じた３つの知性が関係する（キーガンら、2017)。３つの知性とは下記である。

状況順応型知性	：他人の価値観に依存する、主体的な変革は生まれづらい
自己主導型知性	：「自分が何者であり何をなすのか」に対する気づきをもたらすPresensingにより促進される
自己転換型知性	：現実をありのままに捉え本質を感じるSensing、自己の見解や主義主張から離れ、新たな視座を持つ

自己転換型知性は発達段階が進んだ段階で得られる知性であるが、この知性がSensingにとって重要である。自分と状況（とそれらの関係）

を俯瞰する自己転換型知性を磨くことで、U 曲線のプロセスを進んでいくことができる。

なお、心理学が捉える発達段階はもっと厳密である。例えば、キーガンは発達を５段階に区分している。第１段階は「具体的思考段階」で言葉を獲得したての子どもの段階、第２段階は「道具主義的段階あるいは利己的段階」である。自分の関心や欲求を満たすことに焦点が当てられる。他者の感情や思考を理解することが難しく、他者を道具のようにみなすということから、「道具主義的」と呼ばれる。第３段階以降は獲得する知性に対応して、定義されている。

キーガンの発達段階は、主体と客体の関係において、自己の中で何がどれだけ客体になっているかという観点から捉えている。客体の部分が多いほど、発達段階が高いというわけである。ここで客体とは、「自己の中で、自己が心的距離を取ることがで、客観的に思考できる、扱うことができる領域」である。大まかにいえば、客体の領域を増やすことと自己転換型知性を高めることが同じことで、違う角度から違う表現をしている。

またグロイター（2018）は、ものごとを捉える際の主体の人称から、発達段階を整理している。第１人称は自己感覚、第２人称はあなたにとって私はどう見えるだろうかを気にする視点。第３人称はある程度の内省と自己理解を持ち、自分自身の差異を見いだす視点。第４人称は自分と他者、それ以外を含めたシステムを捉える視点。第５人称は万物の根底に横たわるものへの気づきがあり、あらゆる対象は人間が構築した表象であるとみる視点である。これらの人称が増えていくことが発達することである。この観点からいえば、ものごとの俯瞰的に捉える人称が増えていくことが自己転換型知性を高めることである。

④地域の転換：トランジション・マネジメント

トランジション・マネジメントは、オランダの都市計画などで開発された方法である。国内では松浦正浩が紹介し、試行している（松浦、

2017)。ミクロなレベルのニッチなイノベーションを試行し、その拡大や連鎖により、従来の制度や組織（レジーム）、さらには社会経済構造（システム）を変えていくというボトムアップの社会転換手法である。イノベーションを起こすフロントランナーが動き出す仕掛けをつくることに、トランジション・マネジメントの秘訣がある。

行政による市民参加の場では、関心のある市民が集まる場合が多いが、フロントランナーの動き出しを重視することがトランジション・マネジメントの重要な点である。松浦（2017）はフロントランナーの特性として、以下の例を示している。

- 現在の根強い問題の複雑さについて理解がある
- 革新者であり、持続可能な社会に関心があり、積極的である
- ネットワークの仲介役となる　など

このように、トランジション・マネジメントにおいて、イノベーションを創造する場や人のデザインが重要である。また、地域の転換においてもまた、人の転換における痛みやU理論における手放すプロセスを持つ。このためトランジション・マネジメントにおいても、古いものの代替のマネジメントが重要になるが、その点は本書の4－5節に詳述する。

◇序－２　本書の構成

白井信雄

（１）本書の３つの特徴

本書は、転換に関する先行書があるなかで、３つの特徴を持つと考えている。１つは、「地域からのボトムアップによる転換」を重視し、地域における人や地域活動の実践、あるいは地域からの転換の目標や方法を示している。２つ目に、「人の転換と社会の転換の相互作用」が重要であるという考え方から、特に人の転換を起点とした（あるいは人の転換に焦点をあてた）転換論となっている。社会の制度や技術・インフラを中心とした転換論ではない。３つ目に、「転換に使う道具や方法、転換後の社会のあり方」を実践的・現場的にできるだけ具体的に描いている。

執筆陣は環境政策に関わる研究者を中心としているが、地域での活動家、コンサルタント、心理療法士に至るまで多彩である。また、いくつかの研究プロジェクトの成果を含めているが、地域での実践報告を中心とした節もある。多彩な角度からの転換に関する研究成果と実践の束ねることで、転換の全体的な実像を描くことができていれば幸いである。

各章の構成を説明する。

（２）各章の概要

第１章では、地域からの社会転換の必要性を、社会学と経済学の各々の観点から理論的に整理している。構造的にみて転換が必要であること、そのうえで転換のフィールドとして地域が重要であることを記している。トップダウンによる社会転換ではなく、地域からの社会転換というボトムアップの動きが本書の射程である。

第２章では、人の転換をテーマにしたライフヒストリーのインタビュー、およびアンケート調査をもとに、人の転換のプロセスとその促進要因・阻害要因の分析結果を記している。また、人の転換を良き社会に向けた転換に連動させるための支援のあり方として、自己転換型知性や転換学習の観点を踏まえた考察をまとめている。この章は科研費の研究成果をもとにしている。

第３章では、地域という現場において、人の転換と地域社会の転換の相互作用がどのように形成されているか、その実践事例を現場に関わる執筆陣が報告する。地域への移住促進、トランジション・タウン、再生可能エネルギーを活かす地域づくりなどにおいて、キーパーソンと地域の動きを具体的に示し、地域づくりの転換の方法論をまとめている。この章は、転換に関わる現場知、あるいは実践知をまとめるものである。

第４章では、地域における人と社会の転換を進める道具や方法として、ワークショップや教育、計画の手法の実践を紹介する。未来カルテやシミュレーターを用いたムーンショットとバックキャスティング、デジタル民主主義のプラットフォーム、シティズンシップ教育、内発的動機の形成、トランジション・マネジメントなど、既に導入され実践されている道具や方法をとりあげている。

第５章では、転換後の社会はこれまでの慣性の社会とはどこが違うのか、転換後の社会を検討するために何を論点とすべきかをまとめている。コミュニティとネットワーク、脱炭素社会、脱物質社会、脱近代化という側面で、具体的な検討成果を示している。転換後の社会の理想を描くだけでなく、理想の社会とは何かをみなで深く考えるための論点を提示している。

そして、終章が本書の到達点である。転換が必要だと言うだけで転換が進むわけでない。転換を阻害する要因があり、その要因を解消することに踏み込まないと、転換論は単なるイノベーションの普及論になってしまう。言うばっかりで実現しない転換ではなく、転換の痛みを乗り越え、転換によって、根本的な問題を解消し、誰もが今よりも幸せに、生き生きと暮らせる社会を築いていくための方向性をまとめている。

【参 考 文 献】

末石冨太郎（1975）『都市環境の蘇生』中央新書
ピーター・M・センゲ（2011）『学習する組織：システム思考で未来を創造する』枝廣淳子・小田理一郎・中小路佳代子訳、英治出版
Geels and Schot (2007). Typology of sociotechnical transition pathways. Research Policy 36(3): 399-417
ジャック・メジロー（2012）『おとなの学びと変容：変容的学習とは何か』鳳書房
C・オットー・シャーマー（2017）『U 理論：過去や偏見にとらわれず、本当に必要な「変化」を生み出す技術』中土井僚・由佐美加子訳、英治出版
ロバート・キーガン，リサ・ラスコウ・レイヒー（2017）『なぜ人と組織は変わらないのか　ハーバード流　自己変革の理論と実践』池村千秋訳、英治出版
スザンヌ・クック・グロイター，2018，『自我の発達：包容力を増してゆく9つの段階』、門林奨訳、日本トランスパーソナル学会『トランスパーソナル学研究』(15)、57-96.
松浦正浩（2017）「トランジション・マネジメントによる環境構造転換の考え方と方法論」、『環境情報科学』46(4)

◇第１章　なぜ、地域からの転換が必要なのか？◇

第１章の要点

- 社会経済の構造に原因がある根深い問題、これを「構造的問題」と呼ぶ。対症療法では解決できない「構造的問題」の解決のために転換が必要である。
- 「構造的問題」は、見えにくく、加害者が無自覚になりがちである。加害者は弱き者である被害者からの搾取に依存し、弱い者への深刻な被害に対して責任を負っていない。加害と被害の不平等が問題である。
- 加害者とて安全地帯にいるわけではない。気候変動などの構造的問題においては、不特定多数の構造的加害者は誰もが構造的被害者となってきている。
- 問題の源流は近代化にある。環境と経済の統合的発展を図るポスト・エコロジー的近代化の考え方は、構造転換とはいえず、限界があるのではないか。「脱近代化」を視野に入れる必要がある。
- リローカリゼーションの動きを追い風として捉えて、大胆かつニッチなイノベーションを創出する場として、地域が重要である。地域はまた、転換後の社会の主導者となるべきである。
- 持続可能性の経済学においては、持続可能性の源泉としての資本整備を重視する。人的、人工、自然、社会関係という４つの資本基盤ストックのマネジメントが重要である。
- 持続可能性を担う資本基盤ストックは地域によって異なるために、地域ごとの計画と活動が必要である。

◇１－１　構造的な加害・被害と地域からの転換の必要性

白井信雄

本節では、私たちが対峙し、解決しきれていない環境問題や社会経済問題は構造に由来する問題（構造的問題）であることと提起する。このため、問題壊滅のために構造の転換、特に地域からのボトムアップの転換が必要であることを説明する。

（1）根深く深刻な構造的問題

①構造的な暴力、貧困、過疎

持続可能な開発目標（SDGs）の17の目標に示されるように、私たちが解決すべき社会経済問題には、貧困、飢餓、不健康、ジェンダー、失業、格差、差別、紛争・戦争、そして気候変動や廃棄物、自然破壊などの数多くの広範な問題があり、その解決はますます難しくなっている。

なぜなら、問題の原因が特定されて対策がとりやすい問題は解決されてきているが、原因が社会経済の構造にあるような根深い問題が未解決となってきており、構造の転換を行わないと問題の解決ができなくなっているからである。

翻って、国際政治学や平和学の分野には、「構造的暴力」という概念がある（ガルトゥング、1991）。この例として、グローバルなサプライチェーンの中で、先進国が途上国の資源や労働力を安価に搾取して、便利さや快適さを享受していることがある。構造的暴力は、加害者が特定できる直接的暴力に対して、それが特定できない間接的暴力のことである。直接的暴力は殴打、刃物、核兵器、神経ガス、洗脳などであり、構造的暴力は物質・権限の不平等な分配やそれに起因する短命・不健康・無知、自己実現の不足などである。構造的暴力の被害は緩慢で目に見えにくい。

時に構造的暴力は大きな破綻として、隠れていた実像を露わにする。

例えば、2013年4月、バングラデシュのダッカで起こったラナ・プラザ崩壊事故である。女性が安い賃金で働く縫製工場が集まるビルの崩壊で千人を超える死亡者が出た原因は、直接的には耐震性を無視したビルの増築であった。しかし、間接的な原因は途上国から搾取する先進国の構造的暴力である。縫製工場は先進国の有名アパレルメーカーの下請けであり、安価な製品の生産とそれを楽しむ消費者が途上国の低賃金かつ劣悪な労働条件でのスエットショップ（搾取工場）に依存していることが根本的な問題である。

構造的暴力の原因は加害者の悪意や加害者と被害者の不仲にあるのではなく、社会経済の構造にある。その構造は強き者たちが自らの維持・発展のために築いてきたもので、強き者（＝加害者）の充足が弱き者（＝被害者）の犠牲の上に成り立つという不平等なものである。

「構造的暴力」の概念は他の問題に当てはめることができる。例えば、渡久山（2013）は、沖縄特に那覇市の生活保護受給者が多い状況を「構造的貧困」と呼んでいる。戦後の建設業や第三次産業などの不安定な就労者が農山村から那覇市に流れ込み、その再生産がなされているという指摘である。土地を持たず、不安定な職業につかざるを得ないと都市移入者に貧困が多く、その貧困は親から子世代に連鎖していくのである。世代間の貧困の連鎖については、内閣府や世界銀行が指摘しているように、国内、海外のあらゆる場所で生じている。

「構造的過疎」の問題もある。平成26年度国土交通白書では、地方圏から三大都市圏に人口が移動する要因として、所得と雇用という地域条件をあげている。特に地方圏の中山間地域では第1次産業が中心であり、いわゆる先端産業の立地は稀であり、所得と雇用を求めて人口が流出する。この人口減少により、地域条件がさらに悪化する。人口減少により、A.サービス産業の撤退、生活に必要な商品やサービスを入手困難化、B.税収減による行政サービス水準の低下、C.地域公共交通の撤退・縮小、D.空き家、空き店舗、工場跡地、耕作放棄地等の増加などというようにさらに地域条件が悪化する。そして、地域条件の悪化によりさらに人口流出が進むという負の連鎖が生じる。これを地域条件に起因する構造的過疎ということができる。

以上のように考えると、今日の解決困難な諸問題の多くは構造的暴力と同様に、構造に由来する構造的問題である可能性がある。

②構造的問題に共通すること

暴力、貧困、過疎といった構造的問題において共通する４点の特徴をあげる。

第１に、加害と被害の具体的な状況が特定されにくい、また問題の原因が社会経済構造にあることが（考えればわかるものの）理解されにくい。加害者は自らが加害者であることに無自覚である。（⇒問題の不可視・加害の無自覚）

第２に、加害者は社会経済構造における強者であり、被害者は社会経済構造における弱者である。その構造において、加害者は被害者に依存することでなんらかの充足を得ているという不平等がある。（⇒加害と被害の不平等）

第３に、構造的問題において、被害が被害をさらに拡大させるという負の連鎖が生じる。この負の連鎖を断ち切り、抜け出すためには問題の原因である構造を変える必要がある。（⇒負の連鎖の呪縛）

第４に、問題の原因となる社会経済構造を維持管理する者が加害者側であり、その構造における利益を得ている者（既得権益者）であるため、構造を変える意図を持たず、構造が維持・強化される。（⇒慣性による構造改善の抑止）

③構造的問題の再帰と構造に由来する衰退

上述のように社会経済構造に起因する問題は自覚されにくく、加害者の自発的な対策を促しにくい。しかし、構造的問題が加害者自身を蝕む再帰的な状況が生じている場合もある。例えば国民生活基礎調査などが示すように富裕層と貧困層の格差の拡大が進んでいるが、これは構造的貧困が日本全体で緩慢に進行していることに他ならない。構造的貧困が進行すると、貧困の連鎖が断ち切れない構造の中で貧困層の意欲が低下し、社会経済全体の活力の低下を招く。そうなると加害者自身が不利益を被ることになり、加害者の外に被害が生じる問題が、自らの内に被害が生じる再帰的問題となる。

構造的過疎の進行も同様である。この場合では過疎地での空き屋や空き店舗の増加、集落の消滅といった形で目に見えて進行している。農山村地域の疲弊は森林や農地の持つ公益的機能の劣化を意味し、その公益的機能に依存する都市部にも影響を与える。食糧生産の場となっている農山村からの衰退は食糧自給率の低下を招き、安全保障の観点から深刻である。また、人がいることで維持されている農山村の持つ癒やしやふれあいの機能の劣化は都市住民の精神的拠り所の喪失となるだろう。

かつて、英国病やアメリカ病という世界を先導する国の構造的問題が指摘されたことがある。英国は産業革命の発祥地として、それを世界に伝搬させた先導国であったが、世界大戦後に停滞期を迎え、英国病と揶揄された。昔ながらの慣行や既得権のうえにあぐらをかいていた労働組合、積極的経営態度を失った経営者、硬直的な階級構造などが英国病の原因とされる。

英国に代わって世界の先導国となったのがアメリカである。このアメリカも1980年代に停滞期を迎えた。アメリカの荒廃と言われ、維持管理がなされない橋梁や道路の問題が顕著となった。この原因としては、自由と平等の名の下での労働者の質の低下、それによる労働生産性の低下が指摘されている。

構造的貧困や構造的過疎の問題が進行するなか、当面の災害対策や景気対策を優先せざるを得なく、構造的問題が再帰的となっている日本はもはや重度の日本病に感染中である。一時、アメリカを抜いて世界経済の先導を担っていた日本の国内総生産（GDP）は2050年に7～8番目にランクを落とすと予測されている。

（2）環境面での構造的問題

①環境問題の変遷と構造的環境問題の未解決

環境側面での構造的問題を考える。環境問題の歴史では、戦後の環境問題の重点が時代とともに、産業公害、都市生活型公害、地球環境問題と変遷したと整理する（白井、2020）。環境問題の変遷を加害者、被害者の観点から整理したのが**表１－１**である。

産業公害は発生源が特定されるため、1970年代の行政による規制と指導により新たな問題発生は抑制できた。しかし、不特定多数の発生源である対策は行政による規制や指導を徹底することもできず、都市生活型公害が解決困難な問題として浮上してきた。さらに、物質的な豊かさが向上し、電化製品や自動車の普及などから化石燃料や化学物質の使用量が増加し、不特定多数を発生源とする地球環境問題が台頭してきた。これらの諸問題は被害や加害が目に見えにくい問題であるため、科学者から指摘され、世界的な政策合意により対策を進めてきた。

このような変遷において、目に見えやすく、対症療法で解決できる問題は解決できてきたが、不特定多数を発生源とする構造的環境問題が未解決のままである。

表１－１　３つのタイプの環境問題と加害者・被害者

構造の側面	産業公害	都市生活型公害	地球環境問題
発生時期	戦後の高度経済成長期（1950年代・1960年代）	1980年代以降	1990年代に政治的課題として台頭
具体例	四大公害病、甚大な大気汚染・水質汚染	自動車による大気汚染、生活雑排水による赤潮、近隣騒音	気候変動、砂漠化、海洋汚染、開発途上国の環境問題
加害者	特定の工場	不特定多数、あらゆる人間	
被害者	工場周辺の住民	自分・他地域	将来世代・海外
主な対策手法	行政による規制と指導、公害防止設備投資への補助金	下水道などのインフラ整備、普及啓発	設備対策への補助金、普及啓発、環境教育、炭素税（？）

③環境問題における「構造的加害」と「構造的被害」

人類が2050年までに解決すべき最優先の課題の1つと言われる気候変動は、温室効果ガスの排出者という加害者が不特定多数であり、石油などの化石資源を用いた大量生産・大量消費・大量廃棄の構造が根本原因となっている。また、海洋ごみの問題では、直接的にはペットボトルなどを不法に投棄する者が加害者であるが、間接的には石油化学コンビナートで大量にプラスチック素材を生産し、それを大量に消費する私（たち）が不特定多数の加害者である。

一方、環境問題の被害側面をみると、社会経済の構造の脆弱性が被害を深刻なものとしていることがわかる。例えば、今日、高齢者の熱中症患者が増えている原因は、気候変動による気温上昇という気候外力の変化にあるが、それだけではない。高齢者人口が増え、高齢者を見守る家族や近隣の関係が希薄化しているという社会経済構造（脆弱性）が高齢者の熱中症患者を増やしている。

このように構造的環境問題においては、加害面と被害面の両面に、それを規定する異なる構造がある（すなわち、構造的加害と構造的被害がある）。そして、大量生産・大量消費・大量廃棄の根本にある社会経済構造と脆弱性が増す社会経済構造の根本には、問題を内在するマクロな社会経済構造がある（**図1－1**参照）。

前述の構造的暴力、構造的貧困、構造的過疎などの構造的問題では、加害面と被害面の構造を区別して記述しなかったが、詳細にみれば加害面と被害面の各々を規定する社会経済構造があり、さらにそれらを根本的に規定する社会経済構造がある。問題を規定する2段階構造はあらゆる構造的問題に共通する。

そして、構造的問題における4つの性質、すなわち「問題の不可視・加害の無自覚」「加害と被害の不平等」「負の連鎖の呪縛」「慣性による構造改善の抑止」という性質は、構造的環境問題においても同様にある。

気候変動の影響が先進国においても深刻になっているように、環境問

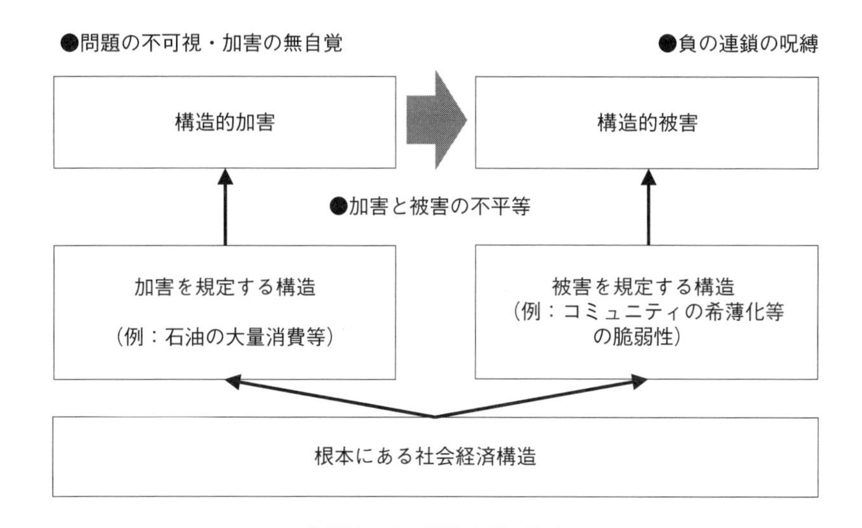

図１－１　構造的加害と構造的被害、そして根本にある構造

題においても構造的問題の再帰と構造に由来する衰退がみられる。構造的環境問題が進行するなかで、不特定多数の構造的加害者は誰もが構造的被害者になってきている。

（３）構造的問題を解決するためのトランジション

①構造的問題を規定する社会経済構造

社会経済の構造を資源・エネルギー、経済・産業・流通、国土・土地利用、政治・行政、ライフスタイルの活動側面にわけ、各側面のどのような構造が（日本の）構造的問題に関連するかを整理した（**表１－２**）。

おおまかに言えば、化石資源消費、工業化とグローバリゼーション、集中型国土構造、中央・行政・大企業主導といった構造が市場での生産活動を規定し、それが構造的加害の要因となっている。一方、そうした市場に依存する暮らしの構造が消費活動を規定し、構造的被害の要因となっている。市場に依存している暮らしは市場からの供給に支障が生じた場合に脆弱で、被害が深刻なものとなる。

ここで注意しなければならないことは、先進国の構造的加害は途上国の構造的被害と表裏一体にあることである。途上国においては、先進国における構造的加害を規定する要因が主に構造的被害を規定することになる。特にグローバリゼーションによる国際分業は、先進国の農林水産業の衰退を招いてきたが、途上国では大規模に画一化した農林水産業の振興により自然地の開発・破壊の問題を起こしている、

加えて、途上国では先進国に追随する形で各活動側面での構造変化が進められているため、日本にあるような構造的加害の問題が途上国でも発生する。そして、構造変化が急ピッチであると、変化の便益を享受する強者と取り残される弱者の問題が顕著となる。

表１－２　今日の社会がはらむ構造的問題（日本の場合）

●構造が加害を規定、■構造が被害を規定

構造の側面	原因となる構造	構造に由来する問題
資源・エネルギー構造	石油・石炭などの化石資源への依存	・資源・エネルギーの枯渇（●） ・二酸化炭素排出による気候変動（●） ・資源の国外依存による脆弱性（■）など
経済・産業・流通構造	工業に依存する経済、グローバリゼーション	・農林水産業の衰退、国土の荒廃（●） ・途上国とのアンフェアなトレード（●） ・サプライチェーン分断による影響（■）　など
国土・土地利用構造	東京一極集中、過疎化・過密化、人口減少による放棄	・大都市における環境悪化、ストレス（●） ・市街地のインフラ維持の困難化（●） ・農山村の暮らしの維持困難化（●）
政治・行政構造	国主導、行政主導、大企業主導	・補助金依存型の地域政策の限界（●） ・市民の参加と協働の不十分、市民軽視（●） ・大企業優先、中小企業の衰退（●） ・無関心で無知な市民（■）など
ライフスタイル構造	市場を介した外部依存型の暮らし	・外部からの供給停止に対する脆弱性（■） ・暮らしの歓びの喪失、生きづらさ（■） ・コミュニティによる支え合いの分断（■）　など

②より根本にある近代化という社会経済変動

活動側面別の特徴的な構造の根本にある社会経済の構造は、「近代化」という観点から捉えると理解しやすい。「近代化」とは、石炭を燃量とする蒸気機関の発明を契機にした産業革命による社会経済変動である。産業革命による社会経済構造の変化には、「工業化」「都市化」「グローバリゼーション」という3つの側面がある。工業化は経済活動の中心が農業や手工業から機械で生産する工業に移行したことである。都市化は工業化にともなう地方圏からの人口移動による都市の拡大と過密化、そして工業製品を利用する生活様式の拡大による外部依存の側面がある。そして、近代化は大量な遠距離輸送を可能とし、グローバリゼーションをもたらした。**図1－2**に示す多くの部分が近代化によって形成・強化された構造であることがわかる。

近代化が環境汚染や自然破壊をもたらし、都市環境を劣悪なものとし、農山村を疲弊させてきたことは、産業革命の発祥の地である英国に顕著であった。英国の産業革命はやがて世界各地に移植され、近代化は世界的な動きとなった。

近代化の特性が定着し、近代化された社会に人が埋め込まれることで、近代化によるリスクの原因は社会やそこに生きる人の内なるものと

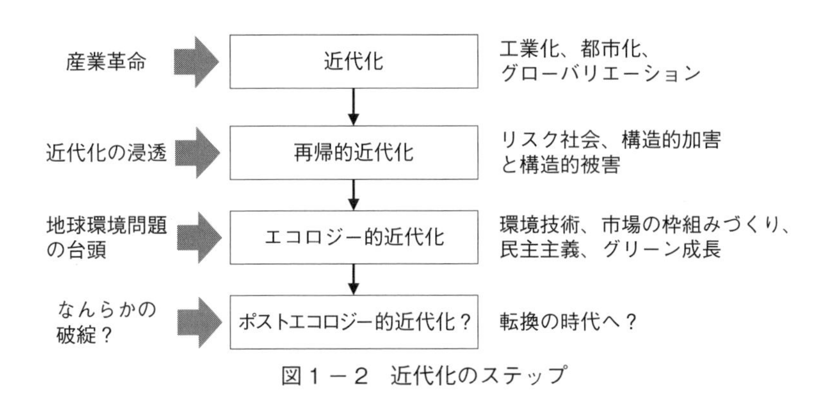

図1－2　近代化のステップ

なった。人はリスクの被害者ではなく、自らが構造的加害者となってきたのである。このことを「再帰的近代化」という（ベッグ、2010）。再帰的近代化の段階において、私（たち）は、社会経済構造に由来するリスクを背負う社会に暮らすことを余儀なくされてきた。再帰的近代化によって形成された社会は「リスク社会」でもある（ベッグ、2010）。

再帰的近代化の次の段階において、近代化の悪しき点を改良しようする考え方がでてきた。「エコロジー的近代化」である。これは1990年代のドイツの環境・エネルギー政策の理念となった思想であり、2000年代以降の世界の「グリーン・ニューディール」政策や環境と経済の統合的発展という政策思想につながっている。「エコロジー的近代化」では、近代化（工業化と都市化、グローバリゼーション）による環境問題を、環境政策による市場の枠組みづくり、環境民主主義、環境技術の革新によって解決としようとする。

③社会経済構造の転換の必要性

今日、構造的問題が目に見えにくく潜行していたものの、時に深刻な被害となって私（たち）を襲ってくる。構造的問題は間違いなく根深く広がっており、弱い地域を中心とした衰退と格差が看過できない状況になってきている。

こうした構造的問題との腐れ縁を断ち切るためには、構造的加害と構造的被害、それらの根本にある構造を変える対策、すなわち「転換」が必要である。

転換が必要な理由として、４点をあげる。

第１に、社会経済システムの構造に規定される問題（構造的問題）が深刻であるために転換が必要である。転換すべき構造とは、化石資源への過度な依存、工業中心の産業構造、グローバリゼーション、大都市への一極集中、中央集権、大企業中心、都市的なライフスタイルなどである。こうした構造が問題の原因であることは明白である。

第２に、対症療法は依存性の薬物のような副作用がある。例えば、補助金付けの産業においては補助金を前提に産業活動を行うようになり、上手くいかなくなるとさらに補助金を求めるようになる。対症療法は病の痛みを一時的に押さえるかもしれないが、根本的な対策を先送りさせ、その間に構造的な病はますます悪化してしまうのである。また、構造的問題を解消しないと、ある個別問題は解決できても別の個別問題が現れるというように、対策が“いたちごっこ”や“もぐらたたき”になってしまう。例えば、火力発電所から排出する二酸化炭素排出量を地中に固定する技術（CCS）を用いて気候変動の緩和を進めたとしても、化石燃料の消費量を減らさなければ、いずれ資源枯渇の問題が浮上することになる。

第３に、経済成長下で取り残される弱者の視点から考えたとき、「エコロジー的近代化」にも限界があり、それとは別で路線が異なる、「ポスト・エコロジー的近代化」への転換を検討することが必要ではないか。「ポスト・エコロジー的近代化」を進めるうえで重要なことは、近代化（工業化と都市化）の改良・改善にとどまらずに、工業ではなく農業の第一次産業、都市ではなく農山村が主役となる社会をつくることである。また、中央集権ではなく地域主権、行政主導ではなく市民主導、グローバル企業ではなく地域企業などが持続可能な発展の担い手となることも、「ポスト・エコロジー的近代化」路線において重要な側面となる。

第４に、転換の先にある社会は誰もがより良い人生を過ごすことができる、今よりも魅力的な社会であるはずである。現在の社会は一部の成功者や一時的な享楽に溺れる人にとって、十分に魅力的な社会かもしれない。しかし、その充足が弱者の上に立つものであることを知るとき、その成功や享楽に本当に満足することができるのだろうか。一方、現在の社会は多くの人々が生きづらさを感じざるを得ない構造になっている。競争の苦労と徒労感、人が人の優劣をつける評価、目標達成のための様々な我慢、自由や余裕を感じられる時間の少なさ、自分の居場所の見つけにくさ、社会から疎外されている感覚など、その原因が近代化以降の社会経済構造にあるとしたら、転換後の社会は誰にとっても真に魅力的なものとなるはずである（魅力的な社会の姿は第５章を参照)。

（4）地域からの転換の必要性と可能性

①転換後の社会は地域主導であるべき

構造的問題の根本に「工業化」「都市化」「グローバリゼーション」があるして、転換後の社会は再生可能な地域資源の地域内循環を地域主導で行う地域が形成され、そうした自立的地域の連携によって形成されるものであろう。そうした理想とする社会の実現の主役は地域であり、地域が内発力を強めながら転換を先導することが必要である。

先導的な地域は既得権益に対する抵抗文化を創造する場として期待される。移住者を大切にする風土を持つ地域、進取性に富んだ文化を持つ地域、社会を変える方向性を首長が打ち出し支持される地域などにおいて、転換のフロントランナーとなるような大胆な取組みが期待される。

②地域におけるニッチなイノベーションの創出可能性

地域とは人と人のつながりがまとまった範囲であるが、小さなまとまりであるほど、変化が容易であり、ニッチなイノベーションが起こりやすい。ニッチなイノベーションは、転換を先駆ける導火線あるいはスイッチとして期待される。国レベルでの政策や大企業では、既存の社会経済構造を維持しようとする既得権益の影響が強いため、ニッチなイノベーションは創出されにくい。

また、中山間地や遠隔地は課題先進地と言われるが、そうした地域では構造的被害が目に見えた危機として先行しやすく、その危機感の強さがニッチなイノベーションが創出する可能性がある。課題先進地は大都市に対して条件不利地域と位置づけられてきたが、大都市追随ではない代替的な方向でのプロジェクトの創出に活路を見いだすだろう。

以上のように、条件次第で転換が比較的容易であり、強い危機感が駆動力となり、代替的な方向に活路を見いだす可能性があるという点で、地域からの転換の先導が期待される。

③パンデミックとリローカリゼーション

地方時代や地方回帰というかけ声はこれまでも繰り返されてきたが、それでも地方からの人口流出に歯止めがかからずにきた。しかし、新型コロナウイルスの感染拡大を抑制するために、マスク着用とともに３密対策が徹底された。３密対策は対面での人との接触を減らす対策であり、このため在宅ワークや遠隔会議を余儀なくされた。リモートワークの普及は1990年代から長く導入が進められてきたが、新型コロナが否応なくリモートワークを経験させ、一般化させた。

リモートによるリアルな活動の代替は仕事の仕方を変えただけではない。冠婚葬祭をバーチャルで行ったり、ジムとつながりながら在宅でヨガをしたり。遠隔医療やバーチャル旅行もさらに身近なものとなった。

新型コロナウイルスによるパンデミックがみせてくれたグローバリゼーションがはらむ危うさから脱却するため地域への期待が高まり、そしてリモートが定着することで地域は追い風を受けている。

【参 考 文 献】

ヨハン・ガルトゥング（1991）『構造的暴力と平和』高柳先男・塩屋保・酒井由美子訳、中央大学出版部

白井信雄（2020）『持続可能な社会のための環境論・環境政策論』大学教育出版

ウルリッヒ・ベック（2010）『世界リスク社会論：テロ、戦争、自然破壊』島村賢一訳、筑摩書房

◇１－２　経済学からみた地域からの転換の必要性

倉阪秀史

本節では、持続可能な社会にむけて、地域からの社会転換が求められることを経済学の立場から理論的に説明したい。

（1）社会の持続可能性の源泉は何か

経済学にはさまざまなフレームワークがあるが、ここで用いるのは、エコロジカル経済学を発展させた持続可能性の経済理論である[注1)]。

持続可能性の経済理論では、人間の経済活動を支える物的基盤を、通過資源と資本基盤に大別する。通過資源とは、生産物に物質的に一体化するなどして、いったん使われたらあとに残らない投入物である。資本基盤は、人間の経済活動を支えるサービスを生み出すメカニズムが内包されているものであり、いったん使われてもそのメカニズムは基本的に維持されるものである。たとえば、ハンバーグ定食は、ひき肉などの食材や火力などのエネルギーといった通過資源と、フライパンなどの調理器具やコックといった資本基盤の双方が投入されて生み出されることになる。

さて、このとき社会の持続可能性の源泉は、資本基盤にある。通過資源は、もとをたどれば、自然資本基盤から提供される自然の恵みに行き着く。通過資源には、枯渇性のものと、更新性のものがある。「更新性」は「再生可能」と呼ばれる場合もあるが、資源基盤が太陽・月・地球といった天体エネルギーによって常に更新される性質があるものである。一方、人間の時間的視野の中では資源基盤が更新されないものが枯渇性の通過資源である。石油、石炭、天然ガスといった化石燃料やウラ

注１）主流派経済理論である新古典派経済学のフレームワークでは、持続可能性の問題を十分に考えることはできない（倉阪、2021）。

ンは枯渇性である。

更新性の資源を利用する場合には、その更新速度を超えて利用すると資源供給は持続しなくなる。たとえば、木材は更新性の資源であるが、その生育速度を超えて伐採してしまうと、木材を生み出す自然資本基盤である森林環境がなくなってしまい、木材を持続的に生み出すことができなくなってしまう。また、枯渇性の通過資源を使用する場合には、それを補えるだけの更新性の資源を開発しないと資源供給が持続しない。たとえば化石燃料を使うのであれば、そのエネルギーで再生可能エネルギー設備を作っておかないとエネルギー供給は持続可能ではない。さらに、通過資源を利用するとかならず自然界が処理しなければならない環境負荷が発生するが、それを自然資本基盤が無害化する速度を超えて環境負荷を生み出すと持続可能性が損なわれることとなる。

ハーマン・デイリーの持続可能性の三原則は、以上の内容をまとめたものであり、①更新性資源は、その更新速度を超えて消費されてはならない、②枯渇性資源は、代替する更新性資源の供給速度を超えて消費されてはならない、③汚染・廃棄物は、自然のシステムが吸収・再生・無害化する速度を超えて生み出されてはならないというものである（Blue Planet Prize、2014）

ハーマン・デイリーの三原則は、通過資源の利用に焦点を当てているが、通過資源を供給したり、環境負荷を無害化したりするのが、総体としての資本基盤のメカニズムである。資本基盤は、人的資本基盤、人工資本基盤、自然資本基盤、社会関係資本基盤の４つの形が想定できる。人的資本基盤は、人の存在そのものであり、人工資本基盤は人が設計して生み出した有用な人工物であって、その設計意図が保持されているものと定義できる。自然資本基盤は、人が設計していない自然の自律的な機能であって、人に有用性を与えうるものであり、社会関係資本基盤は、人と人との協力関係を生み出す意味の体系としての社会制度を指す。

人も人工物も、もとをたどれば、自然資本基盤に行き着くので、４つの資本基盤の源泉は自然資本基盤にあると考えることができる。経済学の原型といわれる重農主義者は、すべての富の源泉は自然からの恵みにあると考えたが、持続可能性の源泉も資本基盤とくに自然資本基盤にさかのぼるのである。

（2）持続可能な開発目標（SDGs）とはどのような概念か

2015年に定められた国連の持続可能な開発目標（SDGs）は、環境・経済・社会を統合的に取り扱い、「誰一人取り残さない」をスローガンとする持続可能な開発に関する2030年までの全世界共通の目標である。SDGsが掲げる17の目標を持続可能な経済理論の考え方に即して整理した図が**図１－３**である。

この図において、究極の目標は、人間の健康で文化的な生活であることが示されている。このために、貧困や飢餓からの解放、適切な教育と健康の確保が必要である。さらに、差別を受けない尊厳ある生活も重要であり、ジェンダーの不平等や人や国の不平等の解消、平和と公正の確

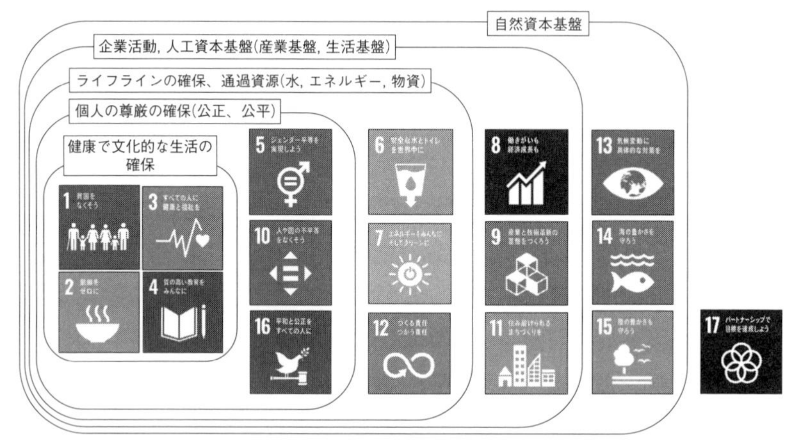

図１－３　持続可能な経済理論による持続可能な開発目標
出典）筆者作成

保が必要となる。このような生活を支えるために、水、エネルギー、物資といったライフラインを確保する必要があり、そのために、健全な企業活動、産業基盤と生活基盤の確保が求められる。企業活動から、生産労働と手入れ労働が供給され、産業基盤・生活基盤といった人工資本基盤が提供される。そして、これらを支えるものが、自然資本基盤である。気候変動への対処、陸と海の生態系の保全が求められる。最後に、これらをパートナーシップで達成しようというのが、SDGsとなる。

SDGsにおいては「人間がいなくなって自然が残ればいい」ということは全く考えていない。究極の目標は人間の健全な生活を持続させることであり、ベーシック・ヒューマン・ニーズを持続的に充足させようとしているのである。

(3) 持続可能性を確保するために行うべきこと

①資本基盤のストックマネジメントの必要性

資本基盤は、使用しても基本的にその有用性を提供するメカニズムは残るが、一定の閾値を超えてしまった場合にはメカニズム自体が継続しない。たとえば、コックも、働きすぎると過労死してしまうかもしれない。自然の生態系も一定以上の汚染物質などの環境負荷をかけてしまうと、生態系のメカニズムが失われてしまう。

資本基盤は、適切に「手入れ（ケア)」を行えば、その資本基盤が有用性を提供できる期間が延び、期間あたりの有用性の程度が増加することが期待できる。資本基盤の持続可能性を確保するためには、新しく資本基盤や通過資源を創出する「生産労働」だけではなく、すでに存在する資本基盤の手入れを適切に行う「手入れ労働」も投入されなければならない。

人口が増大する社会においては、産業基盤も生活基盤も増やしていかなければならない。このため「生産労働」が重要となる。一家に一台、テレビ・洗濯機・冷蔵庫や、カラーテレビ・車・エアコンが普及する過程で、経済の高度成長という現象が起こった。一方、人口が減少する社会においては、人工資本基盤量を人口に応じて適切な規模に縮小させ、集約させるとともに、すでに存在する各種資本基盤を大切に使用していくことが求められる。この段階で注目すべきは「手入れ労働」となる。

「手入れ労働」は、対象に応じた適切な手入れサービスを提供しなければならないため、一定の技能が求められるが、大量生産できるものではないため、規模の利益の恩恵に浴することができない。このため、一般に「手入れ労働」は市場からは十分な支払いを得ることができず、主に家庭内で賄われてきた。人口減少社会においては、資本基盤の状況に応じて必要な手入れ労働量が充足できるように、政策的に「手入れ労働」を確保しなければならない。つまり「手入れ労働の社会化」が求められている。

「手入れ労働」は、人的資本基盤に対する保育・教育・医療・介護、人工資本基盤に対する修理・補修・改築などの維持管理、農地・人工林・漁場など自然資本基盤に対する維持管理などが想定できる[注2)]。

今後、どの程度の人工基盤の「手入れ労働」が必要となるかを見積もるために、まず、現状の各種資本基盤の量と質を把握すること、つまり「資本基盤の棚卸し」を行う必要がある。そのうえで、どの程度の手入れ労働が現状において必要となっており、どの程度充足されているのかを把握すべきである。

次に、人口の規模に応じてどの程度の資本基盤を将来にわたって維持すべきかという判断を行わなければならない。人口の将来予測をもとにして、将来の各資本基盤の必要量を概算することが求められる。そのうえで、その必要量を将来にわたって確保できるように、適切な手入れを

注2）社会関係資本基盤に関しても、防犯・伝統行事の維持・町おこしなど地域活動の振興などの取組みを「手入れ労働」とみることができるかもしれない。ただ、社会関係資本基盤については、人・人工物・自然のように物理的な視点から必要な手入れ労働量を見積もることは難しい。

行うとともに、維持更新を計画的に進めることが必要となる。

人的資本基盤、人工資本基盤、自然資本基盤といった物理的な実態を伴う資本基盤においては、現状の資本基盤の年齢・耐用年数などを把握できれば、長期的な維持更新計画を立てることができる。これが、資本基盤のストックマネジメントである。公共施設・インフラの分野からストックマネジメントが進められつつあるが、今後、すべての資本基盤についてストックマネジメントを行う必要がある。

特に、人口が減少する社会においては、各種の人工資本基盤をコンパクトに維持することなどを通じて、人と人との豊かな協力関係が維持されるように、つまり社会関係資本基盤が適切に維持できるようにしなければならない。

②エネルギー転換の必要性

社会の持続可能性を確保するためには、先に述べたハーマン・デイリーの三原則にしたがって、通過資源供給の持続可能性を確保することも必要となる。

とくに、枯渇性の燃料に依存するエネルギー供給から脱却することは、地球温暖化対策の観点からも喫緊の課題となる。環境エネルギー政策研究所調べによると、2011年の東日本大震災の直後には、日本の発電電力量の約9割が石炭、石油、天然ガスといった化石燃料によって賄われる状況に陥ったが、2021年度には発電電力量に占める化石燃料比率は70.9％にまで低下してきている。これは、2012年7月の固定価格買取制度（FIT）の導入などの効果によって再生可能エネルギー供給が増加し、発電電力量の22.5％が再生可能エネルギーで賄われるようになったことの効果が大きい。震災前に54基稼働していた原子力発電は、21基の廃炉が決定し、2022年11月現在、10基が再稼働するに至っている。2021年度の発電電力量に占める原子力発電の比率は6.6％となっている（**図1－4**）。

原子力発電は、高速増殖炉の開発がうまくいっていない現状におい

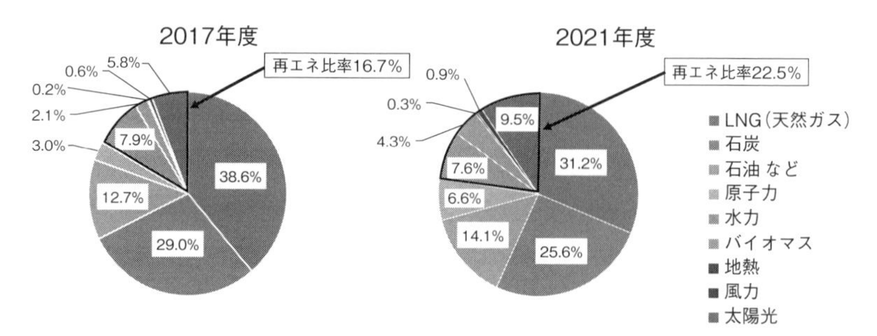

図１－４　日本国内の電源構成（2017 年度、2021 年度）

出典）NPO 法人環境エネルギー政策研究所が資源エネルギー庁「電力調査統計」などから作成

て、耐用年数 70 年といわれる枯渇性燃料であるウランに依存する技術である。事故時のリスクの問題、高レベル放射性廃棄物の処理の問題、廃炉コストの問題など多くの課題が解決されないままとなっているため、経済的にも引き合わず、原子力発電が 2050 年以降の世界のエネルギー供給の主体となることはなかろう。

エネルギー転換は、電力供給源のみならず、ガソリン・軽油・重油・ガスなどによる動力源・熱源についても行われなければならない。ガソリン車やディーゼル車は 2030 年代以降、新車の供給が行われなくなっていく。たとえば、英国やドイツでは 2030 年に販売禁止となる予定である。

このとき、電力では賄うことができないエネルギー需要が存在することに留意しなければならない。大型旅客機を電気で飛ばすことができないように、一部の高温高圧の産業プロセスは電力では動かない。このため、再生可能エネルギーによって得られる電気を、エネルギー密度の大きい水素の形に転換させることが不可欠となる。たとえば、大規模な洋上風力発電基地において、大量に水素を生産するなどの対応が必要となろう。

なお、再生可能エネルギー電気で作った水素やアンモニアを、また発電に投入することは、ほとんど意味のないことである。また、乗用車は、電力でも十分に動かすことができるため、わざわざ水素で動かす必要はなかろう。

一方、調理・冷暖房・入浴などの熱需要については、太陽熱・バイオマス熱などの再生可能エネルギー熱によって賄うことができる。ガスを使って風呂のお湯を沸かすのは、エイモリー・ロビンズが「チェーンソーでバターを切る」ようなことと言ったように、極めてもったいないことである。

今後のエネルギー供給については、エネルギー量のみならず、その質についても考えて、適材適所を計画的に実現していかなければならない。

（4）地域からの転換がなぜ必要か

①補完性の原理に照らした役割分担

国と地方の役割分担の原則としては、補完性原理を挙げることができる。この原則は、ローカルな行政主体で処理できる事項はその行政主体に委ね、より広域的な行政主体はよりローカルな行政主体を補完する立場で関与すべきであるという原則である。また、近接性の原則という考え方もある。この原則は、住民に身近な事項はできる限り住民に近い行政主体に委ねるべきであるという原則である。

日本の地方自治法においてはこれらの原則を踏まえつつ、第一条の二第二項において、国が重点的に担う役割として、1）国際社会における国家としての存立にかかわる事務、2）全国的に統一して定めることが望ましい国民の諸活動若しくは地方自治に関する基本的な準則に関する事務、3）全国的な規模で若しくは全国的な視点に立って行わなければならない施策及び事業の実施の３種類を掲げており、「住民に身近な行政はできる限り地方公共団体にゆだねることを基本」とする旨が定められている。

②資本基盤のストックマネジメントと地域

さて、資本基盤のストックマネジメントに関わる取組みは、資本基盤の状況が地域によって異なるために、まず、基礎自治体が主体的に取り組まなければならない。現状の各種の資本基盤の量と質の把握（資本基盤の棚卸し）、今後の人口動向に応じた必要資本基盤量の把握とその維持のための取組み（ストックマネジメントの実施）、必要となる手入れ労働量の把握とその充足のための取組み（手入れ労働の社会的充足）といった人口減少社会における持続可能性確保のための政策は、まず、ローカルに実施されなければならない。

この場合、都道府県や国といった広域的な行政主体は、基礎自治体が行うべき資本基盤の棚卸しに関する準則の策定、手入れ労働の充足に関する判断基準の策定、基礎自治体での関連予算・人員の確保に関する支援といった役割を負うことになろう。

たとえば、広域的な行政主体が、人的資本基盤における要支援・要介護の基準や介護労働者あたりの要介護者数の上限に関する基準、人工資本基盤の老朽化の判断基準、人工林・農地といった自然資本基盤での手入れの基準を定めて、ローカルな行政主体が実際の事例に当てはめていくということになろう。

また、人口規模に応じてコンパクトなまちづくりを進めること、街を集約していくことといった課題は、その地域の歴史的な背景も踏まえつつ住民間の合意形成を図っていくことが求められている。このような政策についても、まず、ローカルに進められなければならない。

③カーボンニュートラル政策と地域

では、カーボンニュートラルに関する政策はどうだろうか。

まず、再生可能エネルギーはローカルな風土に応じてその賦存量が異なるため、それを活用する政策は、まずは、ローカルに実施される必要がある。再生可能エネルギー産業は、次世代の第一次産業とも言え、農林水産業の振興政策がそうであるように、地方における個別判断の余地が大きいのである。

また、省エネルギーについても、選択的集住を進めるとともに、地域熱供給などを通じて街区全体での省エネルギーを行うといった取組みは、地方自治体主導で進められる必要がある。その他、建築確認の際の省エネルギー性能の確保、古くて省エネルギー性能の劣る耐久消費財の買い換え促進など、自治体行政に期待する部分は大きい。

このようなエネルギー転換に関する政策は、地方創生の切り札となり得る。第1に、省エネルギーを進め、地域の再生可能エネルギーを活用することによって、従来はエネルギーの対価として地域外に流出していた地域の富を地域にとどめることができる。おおむね世帯当たり平均的に年間20万円以上のエネルギー代をかけているが、この支出が地域にとどまることによって、地域の雇用を増やすことができる可能性がある。第2に、地域の再生可能エネルギーを域外に販売することによって、新たな収入源を確保することができる。今後、再生可能エネルギーを主力エネルギー化するという国策のもとに、再生可能エネルギー電力や熱の生産を優遇する各種政策が継続され、強化されることが見込まれる。固定価格買取制度（FIT）や固定価格プレミアム制度（FIP）は、広く電力消費者から集めた再生可能エネルギー課徴金を再生可能エネルギー生産者に分配する制度であり、結果的に富をエネルギー消費量の大きな都会から再生可能エネルギーが豊かな地方に移転する効果を有する。このように、再生可能エネルギーを主体とする分散的エネルギーに転換する政策は、地方に富をもたらす可能性がある。

さらに、カーボンニュートラルへの寄与からは、農林水産業による炭素の吸収固定という視点を欠かすことができない。森林については、バイオマス発電用の木質チップとして使用するより、用材として使用すれば、ずっと二酸化炭素を固定することができる。木材建築を推進することは立派な温暖化対策である。農業生産も吸収固定の観点から評価すべきである。藻場などによる吸収固定分をブルーカーボンといって評価する動きもある。これらの政策も、まずは、地方自治体主体で進めていくべき政策なのである。

【参 考 文 献】

倉阪秀史（2021）『持続可能性の経済理論－SDGs時代と「資本基盤主義」』東洋経済新報社

Blue Planet Prize（2014）“Prof. Herman Daly Interview Summary” The Asahi Glass Foundation

◇第２章　意識や行動の転換があった人々に何を学ぶか？◇

第２章の要点

- 市民共同発電などの社会活動を始めたり、都市から中山間地域に移住して地域の担い手となっている人などの意識と行動の転換プロセスから、学ぶことが大切である。
- 意識の転換は、「価値観の転換」が強い場合と、「視座の転換」が強い場合がある。個人と社会の問題の通底や生き方の選択肢に関するメッセージを送ることが転換のきっかけとなる。
- 行動転換に伴う社会経済的、精神的な痛みが行動の阻害要因になるが、ロールモデル、ナビゲーター、パートナー、サポーター、モデルとなる人が行動を後押ししてくれる。
- 行動転換による痛みの緩和や失敗の回避のためには、専門的な支援・相談機能の充実とともに、行政・企業・ＮＰＯなどの間での人材流動性を高めること、挑戦を勲章と思えるような気運・文化をつくることが必要である。
- 発達段階に応じた転換が必要である。周りに流されたり、軽薄な自己主張による転換は失敗を招きやすい。自己を俯瞰し、内面を掘り下げる「自己転換型知性」を高めた段階での良き人の転換が成功をもたらし、良き社会への転換を促す。
- 「自己転換型知性」を高めるためには、転換学習の研究成果を踏まえて、深い対話というアクティビティが有効ではないか。さらに、深い対話と地域での活動などを組み合わせる転換学習システムをデザインし、地域で実践していくことが期待される。

◇２－１　地域に関わる人の転換にかかわるライフヒストリー

松尾祥子

本節では、地域づくりにインパクトを与えてきた個人に注目し、個人の転換に関するライフヒストリーのプロセスに関するインタビューから、３名の事例を抜粋し、転換をサポートした重要点の考察を示す。

（1）市民共同発電事業を立ち上げた「藤川まゆみ氏」

①万人が参加しやすい太陽光発電事業

太陽光発電に関心はあっても、集合住宅に住んでいたり、初期投資に問題があったりして、実現に至れない人もいるだろう。このような太陽光発電設置にともなうハードルを、皆で乗り越える仕組みが「相乗りくん」だ。「相乗りくん」は、2011年にNPO法人上田市民エネルギーがはじめた市民共同発電事業で、太陽光発電に適した屋根をもつ「屋根オーナー」と、そこに設置する太陽光発電パネルに出資する「パネルオーナー」をつなぎ、屋根と太陽光エネルギーと売電収入をみんなでシェアして、自然エネルギーを普及する活動である。

長野県上田市にて仲間達とNPO法人上田市民エネルギーを立ち上げ、現在まで理事長を務める藤川まゆみ氏は、上田市に移住する以前は、パン屋でアルバイトをしつつ家庭を切り盛りする主婦だった。この時を「家族や社会の中で、自分を模索する時代であった」と藤川氏は振り返る。

②ライフヒストリー／大阪での出会い

阪神・淡路大震災の後の2000年、大阪に住んでいた藤川氏は、神戸で開催された復興イベントにて、フリーマーケットを担当した。この場で自由な生き方をする人たちと出会い、チームを組んで活動する。イベントでの充実した日々が自分を取り戻すきっかけとなった。2001年、「女性が開催する女性のための講演会」に参加した。講師が「自己肯定感（セルフエステイーム）」という言葉を使った。「それだ！わたしがずっと求めていた言葉だ」とピンときた。「人が自分らしく力を発揮して生きる鍵は自己肯定感なんだ」と気づいた。

③ライフヒストリー／コミュニケーションによる社会変革という光

2007年９月、上田市に移住して間もなくの頃、松本市で上映された「六ヶ所村ラプソディー」（鎌仲ひとみ監督）を鑑賞する機会があった。大きく衝撃を受けた。映画の奥に流れていたテーマに「コミュニケーションによる社会課題の解決」と「自己肯定感」があった。

社会構造には、自分らしく生きられない、自己肯定感を下げる構造がある。それを解決する鍵はコミュニケーションにある。原子力発電について「反対」と「賛成」の声はあるが、大きな意見の隔たりがあっても、コミュニケーションによって、社会を変えていくことができる。コミュニケーションにはその力があると思えた。希望の光のように感じた。

④ライフヒストリー／立ち上げメンバーとの出会い

この出来事がきっかけとなり、３カ月後の12月、上田市にて「六ヶ所村ラプソディー」の自主上映会を開催した。移住して日が浅く、知り合いは多くなかったが、協力してくれる人たちが現れ、457人が参加した。活動は勉強会やワークショップへと広がった。やがて、エネルギーに関するテーマに集中して活動を行うようになった。なかなか具体的な解決策にはつながらないが、活動に対して関心を示す人が増えてきた。

そして、東日本大震災が起きる。長野県では地域の自然エネルギー企業や団体が連携する「自然エネルギー信州ネット」の設立が進められた。その準備会に、当時、別々に活動を展開していた仲間の３人を誘った。道中、市民共同発電事業の構想が広がった。この四人が市民共同発電事業のコアメンバーとなった。

⑤ライフヒストリー／NPO代表としての覚悟と支持、そして決断

やがて、藤川氏は市民共同発電事業の代表となる決断を迫られる。市民活動やアルバイトの経験しかない藤川氏にとって、リスクを取る事業

を引き受けることは大きな決断であった。

「一度始めたら止められない、そんなことを引き受けられるのか、社会に責任をもつようなことはしたことがない。始めたら20年はやめられない」と思った。しかし、「藤川さんならできる」と言う仲間達や、事業構想を話したときに支持してくれた人々に力づけられた。決断までに2カ月の時間がかかった。

2011年9月、藤川氏は仲間たちともにNPO法人上田市民エネルギーを設立、市民出資により、屋根の上に太陽光発電を設置する事業を開始した（**写真2－1**）。その後は、省エネルギーや持続可能な地域づくりへと活動範囲を広げ、日本を代表する再生可能エネルギーを推進する女性リーダーの一人として活躍を続けている。

⑥転換プロセスについての考察

藤川氏の転換プロセスについて重要と考察した点を2つ示す。

1つ目は、社会に生じている問題が自己を含めた個人の問題と関連していること、これらの問題の根の部分は同じものであることに気づくという、強い情動を伴う体験があったことである。藤川氏は、「過疎や原発などの社会問題はあるけれど、一番の問題は、私たちが私たちらしく生きられない、その社会構造が問題だ。そのことにより自己肯定感が得にくい。自分らしく生きられる社会にしたいというのが活動のベースにある。エネルギー問題は自己肯定感と関わる。このことは、私たちの暮らしの根っこの問題であり、エネルギーが変われば社会が変わると思う。だから、エネルギーをテーマに活動をしている」という。

この言葉にあるように、自己肯定感が得られにくい社会と原発を進めてきた社会の根本問題を洞察し、問題解決の手法としてコミュニケーションが大切なのだという気づきが、行動の枠組みを形成することになった。基本的枠組み（パースペクティブ）の確立は、リスクを伴う行動の転換にとって、不可欠であり、また情動を伴う体験は活動の推進力となる。

２つ目は、藤川氏を支える仲間達である。特に、市民共同発電事業を共に立ち上げた３人は、構想を実現可能にする知恵や経験を持ち、地域に人的なネットワークを持っていた。意識や行動の転換には、転換を阻害する要因を解消する４つのタイプの人（ロールモデル、ナビゲーター、パートナー、サポーター）の存在が重要である。藤川氏の周りには、鎌仲監督というナビゲーターや、事業を一緒に立ち上げた３人のパートナー、市民共同発電事業を支持し、即答で出資してくれたサポーターたちがいた。そして、藤川氏はこの事業を始めてから公私をともにするパートナーも得ている。これらの方々のサポートが転換ともいえる行動や、転換後のさらなる活動の推進を、現実面の工夫において、また情緒面において支えている。

写真２－１　藤川氏が手がけた市民共同発電所（相乗りくん）の前で
出典）藤川氏提供

（2）コンポストセットの販売事業などを行なう「たいら由以子氏」

①クールでファッショナブルな生ごみ循環事業

2021年7月、世界のファッションリーダーともいえる街の一つである東京都渋谷区が、トートバッグ型のコンポストのあっせんをはじめた。緑のマークが入ったグレーのトートバッグは到底コンポストに見えない。ワンピースともマッチするような品のいいトートバッグ型コンポストは、都心の集合住宅でのベランダ菜園用にも利用でき、フランスでも販売されている。このコンポストセットの販売事業などを行なう社会起業家が、ローカルフードサイクリング株式会社代表取締役のたいら由以子氏である。

たいら氏は、1997年に福岡県で生ごみコンポスト化の普及活動を行なう循環生活研究所（2004年にNPO法人化）を始めた。その後、活動範囲の広がりに応じ、地域での食循環をつくるプロジェクトを数カ所立ち上げている。そして、2019年に地域内の食循環の中心となるコンポスト化技術を開発、ローカルフードサイクリング株式会社の起業に至った。たいら氏の現在の活動の原点は、父親の病気にあるという。

②ライフヒストリー／証券会社でバブルの崩壊を体験

大学卒業後、たいら氏は東京の証券会社に入社した。営業職につき、全国1番の成果を出すこともあった。しかし、入社の初年度にバブルが崩壊し、金銭が紙切れ同様になる事態を目の当たりにした。優しかった人達が、お金を理由に別人になっていった。「お金って、たいしたことがない」と感じた。

この5年間の経験で、お金に対する執着をなくした。

③ライフヒストリー／福岡にUターンし食養生の生活へ

その後、結婚し、引っ越しのため、証券会社を退社した。2年間大阪に居住し、1年が経たないうちに阪神・淡路大震災にあった。そして、父親のがんの報を受ける。家族と相談し、ふるさとである福岡に戻ることにした。余命数カ月との宣告が医師より告げられた。栄養士をしていた仲間から、「食養生」という選択肢があると言われ、父親に「食養生」について書かれた本を一冊渡した。本人に判断を委ねたところ、父親は一晩で書籍を読んだ。そして、病院から帰ると言った。

食養生は、一日に3回、無農薬の野菜8種類ほどを、繊維を残したまま頂く「青泥」に、大根おろし、にんじんおろし、りんごおろしと煮物と味噌汁と玄米ご飯を作る。無農薬野菜を求めたが、なかなか手に入らなかった。福岡県中をくまなく探すが、容易には見つからず、やっと見つかった無農薬野菜は古くて高かった。怒りと焦りを感じた。このような状況の背景には何があるのかを調べたところ、農家が悪いのではなく、世の中の仕組みがそうなっていること、消費者がその原因を作っていることに気づいた。一方で、食養生を進めるうちに、茶色だった父親の顔色は次第に良くなっていった。外出もできるようになり、命は2年延びた。食べ物で人の存在そのものまでもが左右されるということを、この時に思い知った。

④ライフヒストリー／半径2キロ内の生活での気づき

食養生を実践する2年間は、食材探しに2時間、食事を丁寧に作るのに約4時間、諸々をあわせて昼間に7時間を取られた。子育てもしていた。そのため、半径2キロに閉じ込められるような生活になった。

半径2キロ内を歩くうちに、人のこと、土地のことが気になり始めた。半径2キロとは暮らしに必要なインフラが揃っていて、不自由しない距離だった。閉じ込められている環境は嫌だと思っていたが、一方でとても楽しかった。いろいろ想像しながら、子どもの手を引いて歩くうちに、様々なことがつながった。地域の範囲を特定すれば、自分と地域がつながり、起きている事象が自分ごとになる。自分ごととして参加する人が増えると気づいた。

⑤ライフヒストリー／母親から学んだコンポスト技術の普及

環境に良いことを模索していた。母親から学んでいたコンポストについても、毎晩、母親を寝かせないほどに質問を繰り返した。生ごみのコンポストは土も改善できる、暮らしもよくなる、環境もよくなると“三方よし”であると思った。これで全て改善できると思い、道が開けたように感じた。安心野菜が毎日食べられるようになると思うと、嬉しくて寝られなかった。

父親が他界し、コンポストを広げる活動を始めた。無関心層を巻き込むために、シンプルにすることを心がけた。「暮らしと土の改善」をコンセプトに掲げた。コンポストの普及をする先駆者がまだいないなか、全国で一番コンポストが上手いのは、身近な存在であった母親だと気づいた。母親と語り合った。母親が持つ技術を伝えるべく、普及活動としてコンポストの講師を始めた。

⑥ライフヒストリー／事業の拡大、統合、発展、そして更なる展開へ

コンポストの普及活動をしながら、仲間探しをすることを目的に、地域の青年団に入った。地域を這い回るような活動をした。また、乳児がいる人でも参加できるフリーマーケットを立ち上げ、地域で2000人ぐらいを集めた。コンポスト、青年団、フリーマーケットの３つの事業を統合し、1997年に循環生活研究所（任意団体）を設立した。しかし、ボランティアによる事業形態はいつまで働いても持ち出しばかりだった。お金がある人しかできない事業形態には疑問を感じた。アメリカのNPOを視察するツアーの団員募集に、リーダーとして応募し、NPOについて学ぶ機会を得た。「コンポストを絶対、NPOにしよう。これで解決できる」と思った。

アメリカで学びを経て帰国後、情報収集のためにと新聞の記者を務めた。取材先で出会った青年達と一緒に複数の事業をともにし、それを統合し、NPO化した。ノウハウ本を出し、堆肥化キットを商品化した。人材育成をコミュニティ・ビジネスとして確立させた。さらに、コンポストを使った都市部での食の循環（ローカルリサイクリング）を手がけ（**写真２－２参照**）、その中で開発した技術をもとに、株式会社を起業することになった。

⑦転換プロセスについての考察

たいら氏の転換プロセスについて重要と考察した点を２つ示す。

第１は、たいらさんの転換には、本人の行動力という素質がある。そのうえで、①父親の食養生を支援するなかで、無農薬野菜が不足している社会の問題について気づいたこと、②父親の介護に張り付く生活で、半径２キロを歩きながら考えた思索のなか、社会問題と個人との距離感についての気づいたこと、③生ごみのコンポストによる食の循環という解決策との出会いがあったこと。この３つが組み合わさって転換をサポートしたと思われる。環境問題の根本ともつながる社会の歪みへの気づき、思索の時間と場、そして根本的な解決策との出会いという創造的な転換プロセスに注目したい。

写真２－２　コンポストバックによる堆肥回収と野菜販売の現場（赤坂のレストランにて）

出典）たいら氏提供

第2に、たいら氏は転換後に、ボランタリーな社会活動からNPO設立、起業というように活動をステップアップさせている。このステップアップは、家族を含めた仲間の存在が推進力となっている。コミュニティに入って仲間をつくり、わからないことは理解するまで問い、周囲から学び、声をかけ、活動を進化させてきた。組織運営の中で様々に葛藤を経験したとも話されていたが、葛藤を通じ、語り合い、気づきを深め、自己の成長を得てきたように思える。

本書のテーマの1つである転換学習とは「うまく機能しないという段階を出発点とし、社会の問題に気づき、役割の自覚、自分の生き方の計画立案、計画を実行するための準備を経て、関係性を築きながら、新たな自分を生き始める」という多段階のプロセスである。たいら氏の生き方は転換学習そのものである。

(3) 棚田の保全と地域づくりを担う「水柿大地氏」

①学生兼地域おこし協力隊から地域を支える起業へ

かつて、岡山県美作市上山地区には、約100ヘクタール、8300枚の棚田が広がっていた。しかし、過疎高齢化により谷は荒廃、風景は大きく変化した。有志たちが、2007年に棚田の再生プロジェクトをスタートさせ、NPO法人英田上山棚田団として賛助会員を募りながら、日本の原風景ともいえる棚田再生に力が注がれ続けている(**写真2－3**)。

この上山集落に、大学在学中から地域おこし協力隊として関わり、任期全う後も、新規事業を創出しながらこの地で暮らしを営む水柿大地氏は、1989年生まれ、2023年には34歳になる。みんなの孫プロジェクト代表、一般社団法人上山集落認定NPO法人英田上山棚田団理事、NPO法人みんなの集落研究所執行役員などを兼務する。

②ライフヒストリー/東京山間部の多世代に囲まれた生活

水柿氏は東京西部の山間部、あきる野市で生まれ、両親と妹、そして母親の両親に伯母を含めた8人家族で育った。小学生の頃から祖父母の

写真2－3　水柿氏が活動する上山棚田団
出典）水柿氏提供

友人と茶を飲み、大学は家から近い多摩のキャンパスに進学した。自然の豊かな集落で過ごしたことから「東京で育った気がしない」と言う。

もともとはメディア業界を志望していた。高校3年の受験勉強中、農村地域の現状を報じる番組を観て、地域づくりや農村地域の福祉に関心を抱いた。当時新設の法政大学現代福祉学部に進学し、高齢者福祉に関わるサークルに所属する。代表を務め、周辺の単身高齢者100世帯にハガキを送って、月1回のサロン活動を運営した。

③ライフヒストリー／10カ月の内省期間とはじめての自己決定

19歳の時、付き合っていた彼女にふられるという経験をする。「自分の何がいけなかったのか」と考えた。学生生活に時間はあり、江ノ電を往復しながら思いを巡らせる日もあった。「そういえば、自分はなんで大学に入ったのか？」「現場に行っていない。現場に行かないといけない。現場に行こう」と、10カ月の思案を経て思うに至った。

教授に相談したところ、総務省の協力隊制度の創設を知った。HPの募集に、美作市が掲載されていた。「任期は3年だけど、1年でもいいから来てみたら」と役場の人に言われ、「学びたい、体験したい」と休学を決めた。水柿氏はこの時を振り返る。「これまで、自分で何も決めていなかった。自分の嫌いなところは、優柔不断なところだと周囲に言っていた。移住する時、現場に飛び込む時に初めてバチっと決めた」。

④ライフヒストリー／地域移住の学びと大学の学びのある３年間

実際の現場は自分が想像していた状況と異なり、戸惑いを感じた。自らでルールを課した。「人と会ったら、どんなに急いでいても、車を止め言葉を交わそうと決めた」。また、地域おこし協力隊は、当時20歳代の水柿氏以外に30代と40代の男性2名が着任していた。「自分を活かして、どう使ってもらうかを考えた。中学、高校と野球部に所属していたが、地域の人たちを監督として考え、レギュラーとしてどうしたら使ってもらうかを考えた」。自分のできる役割として、人を訪問し、拠点づくりや草むしりにも尽力した。

赴任して3カ月の頃、「地域はすぐには変わらない。地域の人に良くしてもらった」と地域おこし協力隊の更新を決めた。その後、大学に復学し、農作業と学問を両立させ、夜行高速バスには100回以上乗った。10時間かけ東京の大学に2年通い無事に大学を卒業した。協力隊任期終了後は上山に残る選択をした。

⑤ライフヒストリー／人の価値が高い地域での生活

その後、水柿氏は高齢者の生活支援事業を営みながら、講演活動や農業に従事する。母校の法政大学では、90分間の講演を実施し、WEBを活用して上山集落に住む高齢者にも参加してもらった。

暮らしについて、「大変だとは思う。就職した方が楽だっただろうなと思うこともあるが、好きなことはできている」と語る。また、「現在は、個人がやったことが注目される時代で、生活をSNSで発信すれば『いいね』で評価される。高齢化が進む地域では、若いというだけで、ここに住んでいるだけで自己肯定感が得られる。人口が少ないから、住む人一人一人の価値が高い。挨拶するだけでも喜ばれる。それが、ここに居たい、居心地の良さにつながる」とも言う。

⑥転換プロセスについての考察

水柿氏のライフスタイル転換をサポートした3点を考察する。

第1は、内省し自らで決定する姿勢である。「初めて、バチっと決めた」と表現する、現場に入るという選択は、10カ月の内省期間で成され、その後の人生において、自らの決定に対し責任を負う生き方を習得する機会となった。これは現在でも活かされ、「農業自体が内省時間の塊」「一つのことを五分集中して考えるというのは大変なことで、五分真剣に考えると色々見えてくる。内省の必要性を人生で感じている」と語る。

第2は、挑戦の受け皿となる場との出会いを支えた周囲のサポートである。「現場に行っていない。現場に行かないといけない。現場に行こう」と決意した時、まず教授に相談した。そして、受け皿である総務省の地域おこし協力隊制度に出会う。さらに、「任期は3年だけど、1年でもいいから来てみたら」との役場の人の言葉が、当時学生であった水柿さんの休学をして現場に入るという挑戦を許容した。

第3は、人との関わりの中にある自分を俯瞰的に捉え、自身の能力が活かされる方法を柔軟に選択する姿勢である。WEBコミュニティ、講演や取材など、社会からのフィードバックを活用し、自身の役割を俯瞰的に捉える視点は、自己資源を活用しながら社会参加を創造するライフスタイルを導き成長を促している。水柿氏は、こう表現する。「ここにいると、できることがどんどん増えていく。自己の成長実感がある。経験と技術を引き継いでいる。毎日のように何かできるようになっていく」

NPO法人英田上山棚田団の賛助会員には、収穫された米が届く。水柿氏の言葉を思い出しながら、ありがたく頂いた。「自分の活動の原点は、自分がよく暮らしたいためというのがある。人は住みたいと思える場所に住めるのがいい。農村で暮らしたかったら農村で暮らす。だから仕事を作る」。人生とはクリエイティブなものであることを改めて思う。

謝辞

本節の内容の一部は、科研費 18K11761 の助成を受けて実施された研究に基づく。

◇２－２　人の転換に関するアンケート調査

森朋子

本節では、前節で導き出されたライフスタイル転換のプロセスや要因が、多くの人に当てはまるかどうかを検証するために実施したアンケート調査の結果について述べる。

（1）はじめに

前節では、環境分野での起業や非営利団体の設立、都会からの移住など、ライフスタイルを大きく転換した３人へのインタビュー調査をとおして、人がライフスタイルを転換するまでの大まかなプロセスや要因が見えてきた。

インタビュー対象者の多くに共通していた点として最初に挙げられるのは、意識や行動が転換する前に、仕事や家庭生活に関する悩みや行き詰まりを抱えていたというケースが多いことだろう。つまり、意識や行動の転換がある日突然起きたわけではなく、転換の基盤となる各個人のライフヒストリーがあると考えられる。

２つ目の共通点は、行動を転換する前に意識の転換が起きているケースが多いことである。さらに意識の転換について詳しく尋ねてみると、個人の問題と社会の問題とのつながりに気づく「価値観の転換」が挙げられる場合と、新たな生き方の選択肢に気づく「視座の転換」が挙げられる場合の２パターンがあることが分かる。

３つ目の共通点は、意識の転換が起きる際に、環境問題に関する現場体験、メッセージ性の強い映画・書籍との出会い、震災などの非日常的な体験といった、意識転換を後押しする外部からのトリガーが存在するケースが多いことだろう。

さらに、白井ら（2021）は、２－１で記した３名も含めて、９人にインタビューを行い、行動転換に至る経緯を分析している。経済基盤への心配や周囲の理解不足といった行動転換を阻害する要因がいくつも見られる一方で、それらの阻害要因を解消する人との出会いや知見の獲得など、行動転換を実現させる要因も数多く存在することが分かる。

3人（さらには9人）へのインタビュー調査から導き出されたライフスタイル転換に至るこれらのプロセスや要因は、行動転換を実現したその他の多くの人にも当てはまるのだろうか？　そこで本節では、ライフスタイル転換に至ったより多くの人を対象にアンケート調査を実施し、インタビュー調査から得られた示唆がどの程度確からしいかを検証してみよう。

（2）アンケート調査の概要

本アンケート調査は、全国に多数のモニターを持つ調査会社に依頼し、2020年11月にオンラインで実施した。調査対象を**表2－1**に示す。

なお、**表2－1**のいずれのカテゴリについても男女比と、20～39歳および40～69歳の人数が同数となるように調整した。

表2－1　オンラインアンケート調査の対象カテゴリと人数

環境分野に関する<u>起業や個人事業主</u>としての活動を始め、現在も実施している人	208人
環境分野に関する非営利団体を設立したり、非営利団体に参加して<u>非営利活動</u>を始めたりしたことがあり、現在も実施している人	208人
<u>移住</u>をして、都市的な暮らしから農的な暮らし（自給自足や農林水産業を中心とした暮らし）へと、ライフスタイルを変えたことがあり、現在も同じような生活を続けている人	208人
環境以外の分野で、起業や非営利団体活動を始め、現在も実施している人	412人
合計	1,036人

（3）アンケート調査の結果

①行動や意識の転換前の要因

では最初に、意識や行動が転換する前の状況について見てみよう。アンケート調査で「行動の転換を起こす前は、行き詰まりや生きづらさがあるような状態でしたか？」と尋ねたところ、全体の74%が何らかの行き詰まりや生きづらさがあったと回答した。**図2－1**はその内訳を示している。

特に多かったのは「ストレスがあり心身の限界を感じていた」、「とにかく何かをしなければと感じていた」の2項目であり、自分らしく生きられていないという不満や仕事への不満も上位に位置付けられている。これらの行動転換前の状況を、より分かりやすくグループ化するために、多重コレスポンデンス分析という統計分析を実施した結果が**図2－2**である。

回答傾向が近い項目ほど近くにプロットされているという多重コレスポンデンス分析の特徴を活かして、行動転換前の状況を4つのタイプに分類してみた。1つ目のタイプは、ストレスがあり、自分らしく生きられておらず、将来のビジョンが見いだせない「生き方に不満タイプ」、2つ目は仕事が上手くいっていない、職場での居場所がないと感じている「仕事に不満タイプ」、3つ目は自分の価値や存在を肯定できない

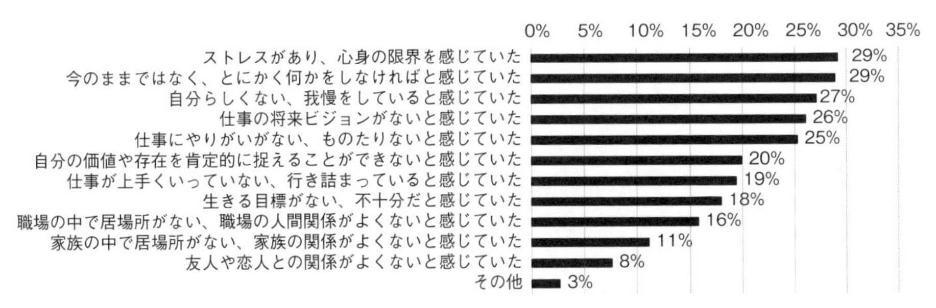

図2―1　行動転換前の状況に対する回答結果（複数選択：n=770）

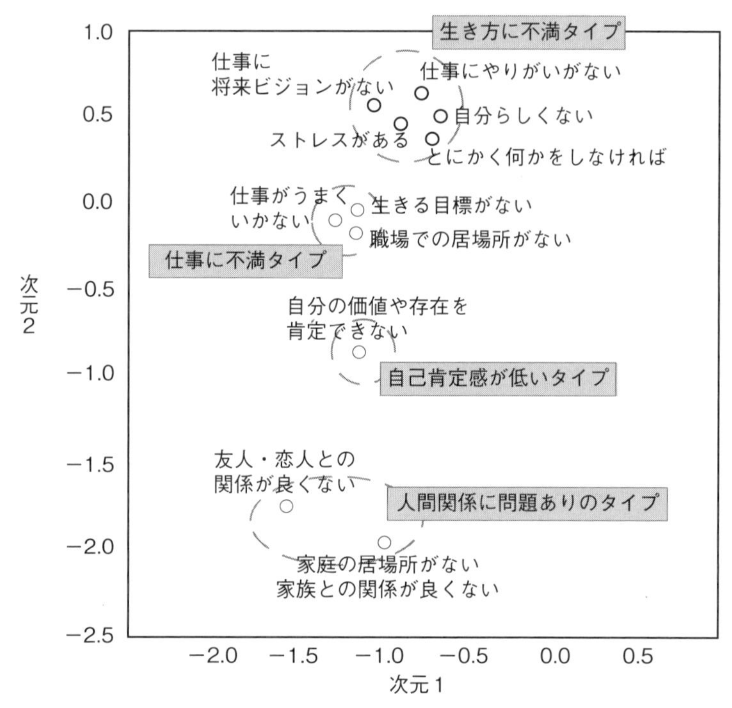

図2―2　行動転換前の状況に対する回答の多重コレスポンデンス分析結果

「自己肯定感が低いタイプ」、４つ目は友人や恋人との関係がうまくいっていない、家庭での居場所がない「人間関係に問題ありのタイプ」である。**図２－１**の結果と合わせて考えると、「生き方に不満タイプ」が数としては最も多く、次いで「仕事に不満タイプ」が多いことがわかる。

さらにこの結果を転換行動の種類別に見てみると、環境分野での行動転換を起こした人は、その他の分野で起業か非営利活動を行っている人と比べて、行動転換前に行き詰まりや生きづらさを抱えていた人が有意に多かった。なかでも環境分野での非営利活動を実践している人はとりわけこの傾向が強く、自分の価値や存在を肯定できなかった、家族関連のストレスを抱えていたなどの項目を挙げる人が有意に多かった。

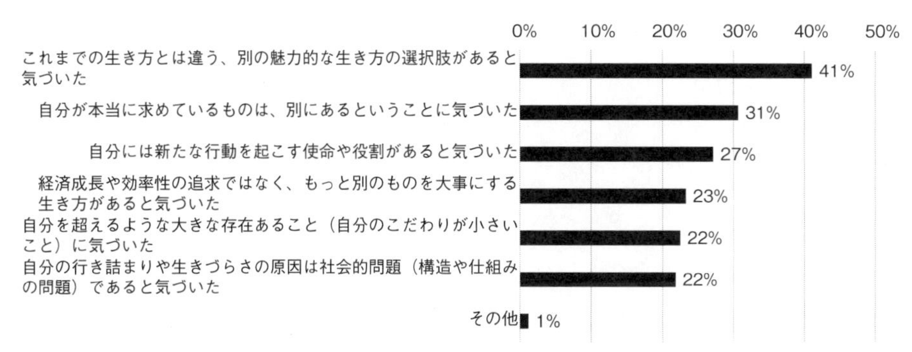

図2—3　意識転換の内容に対する回答結果（複数選択：n=747）

②意識の転換を促す要因

何らかの行動転換を起こす前に意識の転換が起きている人は、どの程度いるのだろうか？　我々の実施したアンケート調査では、回答者全体の72%が「意識の転換があった」と回答している。**図2－3**にその内訳を示す。

最も多かったのは「これまでの生き方とは違う、別の魅力的な生き方の選択肢に気づいた」であり、次いで「自分が本当に求めているものは別にあるということに気づいた」「自分には新たな行動を起こす使命や役割があると気づいた」が挙げられている。これらはいずれも従来の価値観が転換したことを示唆しており、人々のライフスタイル転換を促すうえで“価値観の転換”は重要な役割を担っていることが分かる。

非営利活動を実践しているグループは「自分の行き詰まりや生きづらさの原因は社会的問題（構造や仕組みの問題）であることに気づいた」という“視座の転換”を挙げた人が他の行動転換グループに比べて有意に多かった。非営利活動をとおして環境問題の解決に貢献しようとする場合、自分がそれまで抱えていた問題と社会との関わりに気づくことは重要な意味を持つと考えられる。一方で、移住して都市的な暮らしから農的な暮らしに行動転換したグループは、他のグループに比べて意識転換があった人が有意に少なかった。近年は多くの自治体が地方への移住政策に力を注いでいるため、個人的な価値観の転換や視座の転換がなくとも、移住に踏み切ることが可能なのかもしれない。

③意識の転換を促す外部からの要因

意識の転換が起きるとき、それらを直接後押しする外部からの要因があったと回答したのは、「行動を起こす前に意識の転換があった」と回答した747人のうち435人であった。意識転換が起きた人の約6割は、外部からの強い刺激があったことになる。**図2－4**は外部要因の内訳を示している。

「環境や社会の問題の現場を目の当たりにする体験」「日常を離れてじっくりと思索する時間」「心に響く人の言葉やアドバイス」などが外部からの刺激として上位に位置付けられているが、各項目にそれほど大きな差があるわけではなく、どの項目にも当てはまらない「その他」を選んだ人も多い。ここまでのアンケート結果を踏まえると、行動転換の前に悩みや生きづらさを抱えていた人が、何らかの刺激を受けて意識の転換を起こし、行動転換につながったというプロセスが多いものの、外部からのどのような刺激が意識転換につながったかは、人によって多様であると言えるだろう。

④行動の転換を阻害する要因と促進する要因

このアンケート調査では、自らが行動転換を実践したときに悩んだこ

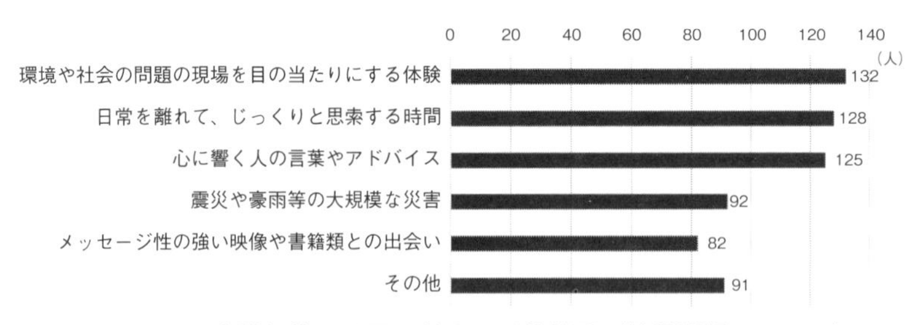

図２―４　意識転換の原因に対する回答結果（複数選択：n=435）

と、葛藤したことがあったかどうかも確認している。その結果、行動転換を実践した全回答者1036人のうち743人、つまり72%もの人が何らかの阻害要因があったと回答している（**図2－5**）。

特に環境分野で起業をした人や非営利活動を始めた人は、その他の行動転換を起こした人と比べて、**図2－5**に示す何らかの阻害要因があったと回答した人が有意に多く、新たな行動にチャレンジすることが容易ではなかったことがうかがえる。一方で、移住という行動転換を実践した人はその他の行動転換を実践した人と比べて、阻害要因がなかったという人が有意に多かった。移住に関しては公的な制度や支援機能が充実しているため、このような結果になったのかもしれない。

次に、上述したような阻害要因を乗り越え、行動転換を促した要因について見てみよう。行動転換を促してくれた何らかの要因があったと回答した人は、回答者全体の68%であった。その内訳を**図2－6**に示す。

白井ら（2019）のインタビュー調査においても、パートナーやサポーターといった「人」が行動転換を促してくれたという結果が得られているが、今回のアンケート調査においても同様の結果となった。行動を一緒にやってくれるパートナー、自分のお手本となる先駆者、行動を支えてくれるサポーターが促進要因の上位として位置づけられているほか、同じ志を持つ者同士のネットワークを重視する声も多かった。

特に非営利活動を実践したグループは、他の行動転換を実践したグ

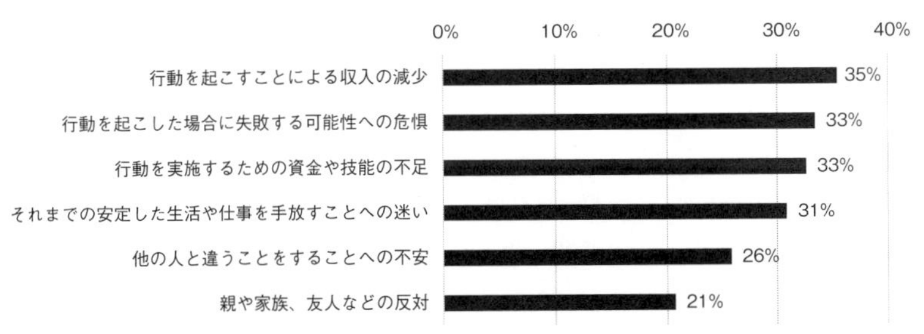

図2―5　行動転換時の阻害要因に対する回答結果（複数選択：n=743）

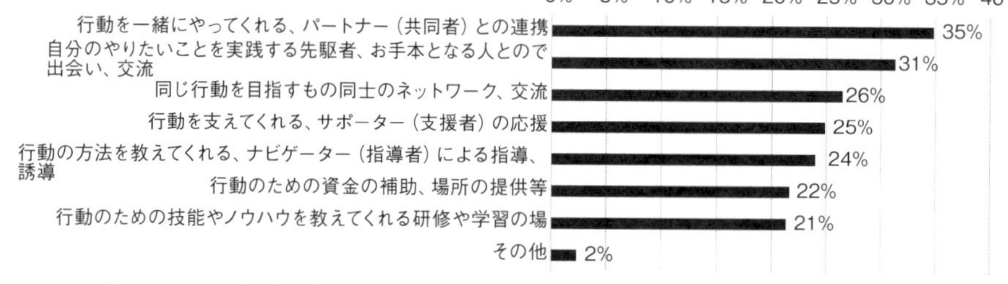

図２―６　行動転換を促した要因に対する回答結果（複数選択：n=703）

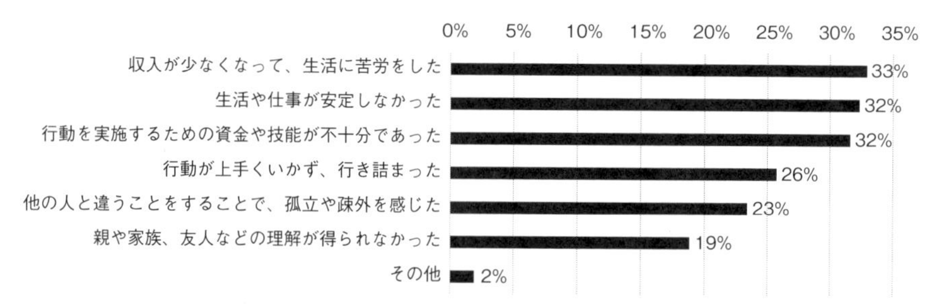

図２―７　行動転換後の問題に対する回答結果（複数選択：n=680）

ループと比べて、行動転換を促進する「人」との出会いを挙げた人が多く、また行動のための技術やノウハウを教えてくれる研修や学習の場が行動を後押ししたという声も多かった。

⑤行動を転換した後の姿

さて、これから行動転換を起こそうと考えている人にとって最も気になるのは、行動転換を実践した人のその後の姿だろう。今回のアンケート調査では、行動転換の後、どのような問題があったかについても訪ねている。何らかの問題があったと回答したのは回答者全体の66％を占め、行動転換後も様々な悩みが発生している様子が伺える（**図２－７**）。

多かったのは、収入の減少、生活や仕事の不安定化、行動転換のための資金など、経済的な基盤に関する悩みである。ここでも特徴的なのは非営利活動を実践したグループであった。他の行動転換を実践したグループと比べ、「孤立や阻害を感じた」「家族や友人などの理解が得られなかった」という回答が有意に多かったのである。行動転換を促してくれたのはパートナーや先駆者といった「人」だったわけだが、行動転換後の悩みをもたらしたのもまた「人」だったと言えるだろう。

では、行動転換を実践した人は、今の自分の現状をどのように評価しているのだろうか？　目標の達成度や自己実現度に関する満足度を「とてもそうである」から「全くそうではない」の6段階で回答してもらった（**図2－8**）。

結果を見ると、現在に至るまで様々な問題があった一方で、目標の達成度、自己実現度ともに「どちらかといえばそうである」以上のポジティブな回答が全体の7割以上を占めていることが分かる。

さらに**図2－8**に示す各設問の回答を「全くそうではない」を1点～「とてもそうである」を6点としてスコア化し、回答の平均値を求めてみたところ（**図2－9**）、環境分野での非営利活動を実践したグループは4.42点と最も満足度が高く、次いで環境分野での起業（4.29点）、移住（4.03点）となっていた。環境分野での非営利活動を実践する場合は、行動転換を阻害する要因や、行動転換後の悩みが多い傾向にあるものの、行動後の満足度や達成感は全体として高く、行動転換したことを

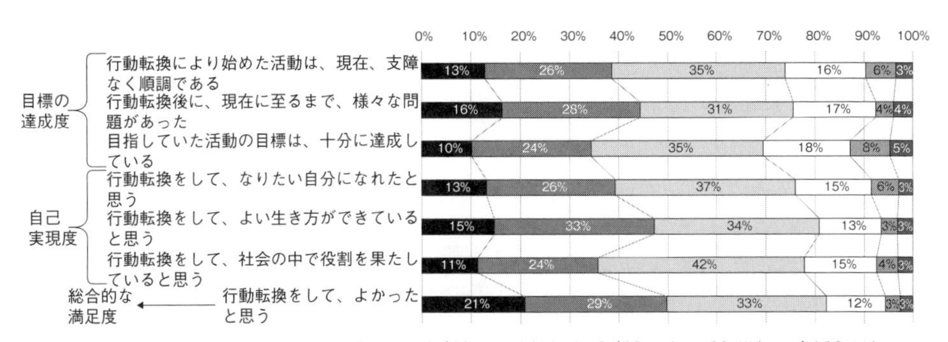

図2―8　行動転換後の満足度に対する回答（n=1036）

悔やむ声はほとんど見られないことが特徴的である。

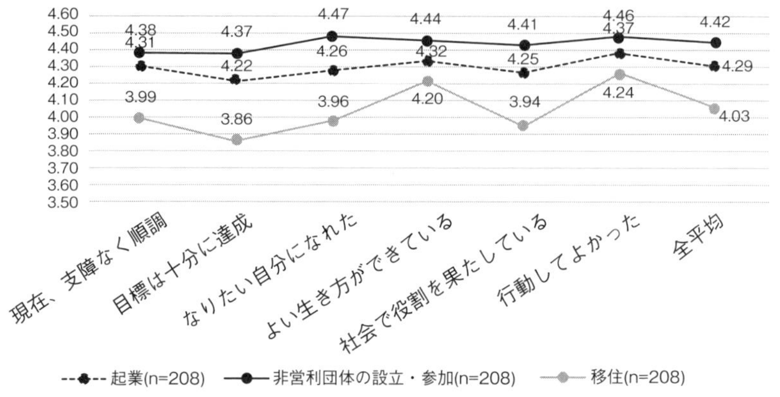

図2—9　行動の種類別にみた行動転換後の満足度（n＝1036）

（4）おわりに

本節では、インタビュー調査から見えてきた人のライフスタイル転換に係る様々な特徴について、1036人を対象としたアンケート調査を実施し、これらの特徴が一般化できるのかを検証した。その結果、以下の5点が明らかになった。

① ライフスタイルを転換した人の7割以上は、転換前に行き詰まりや生きづらさを抱えていた。こうした仕事や生活に対する不安や不満はライフスタイル転換を後押しする素因となり得る。

② 起業、非営利活動、移住といった行動転換を起こす前に意識の転換が起きていた人は7割以上であった。意識転換には、新たな生き方に気づく価値観の転換と、自分の問題と社会問題とのつながりに気づく視座の転換があった。

③ ライフスタイルを転換する直接的な刺激があった人は6割程度であった。その内容としては、問題が起きている現場を直接見た経験や、じっくりと思案する時間の確保など、人によって様々であった。

④ ライフスタイルの転換には多くの悩みや葛藤があり、それらを乗り

越えるための要因としてはパートナーやサポーターなど、人からの支援を挙げる声が多かった。

行動転換の種類別（起業、非営利活動、移住）に見ると、**表２－２**に示すような特徴があった。

ここまで述べてきた内容を踏まえると、インタビュー調査から得られたライフスタイル転換のプロセスや要因は、アンケート調査でも概ね検証できたと言える。

また様々なライフスタイル転換の種類のうち、非営利団体を設立したり、非営利活動に参加したりするタイプの行動は、行動前の行き詰まりや行動転換に伴う悩みが特に強く見られる一方、社会問題とのつながりを意識した視座の転換が起きており、行動後の満足度も高い傾向にあった。行動転換を促す要因として「人」との出会いを挙げる声が多かった

表２－２　行動転換の種類別の特徴

	起業	非営利活動	移住
行動転換前の行き詰まり	やや多い。生き方や仕事への不満を挙げる人が多い。	３種の中で最も多い。人間関係での行き詰まりや自己肯定感の低さを挙げた人が多い。	他の２種と比べると、それほど多くない。
行動転換前の意識の転換	やや多い。価値観の転換タイプが多い。	３種の中で最も多い。自分の問題と社会問題とのつながりに気づく視座の転換タイプが多い。	他の２種と比べると少ない。
行動転換に伴う悩みや葛藤	やや多い。経済的な不安や失敗への恐れなどが多い。	３種の中で最も多い。他者と違うことをすることへの不安、家族の理解不足などが多い。	他の２種と比べると少ない。
行動転換の促進要因	人との出会い、ネットワーク形成を挙げた人が多い。	パートナー、先駆者、サポーターなど、「人」と出会いを挙げた人が多い。	－
行動転換後の満足度	２番目に高い。	満足感や達成感が最も高い。	他の２種と比べると低い。

のも特徴的であった。地域の問題に取り組む非営利活動は、地域の転換を促すうえで大きな役割を果たす可能性が高いことから、こうした特性を踏まえた支援策が求められるだろう。

謝辞

本節の内容の一部は、科研費 18K11761 の助成を受けて実施された研究に基づく。

【参 考 文 献】

白井信雄、松尾祥子、栗島英明、田崎智宏、森朋子（2021）「根本的なライフスタイル転換のプロセスの解明と転換学習プログラムへの示唆」、『環境教育』30(3).

◇２－３　人の転換を支援する方法

白井信雄・森朋子

２－１のインタビュー結果、２－２のアンケート結果、また関連する他の研究を踏まえて、人の円滑な転換を促すためにはどのような支援策があるかを示す。

（1）人の転換と社会の転換の相互作用の形成を支援する

①転換ループの形成を目指す

人の行動転換は社会状況に規定される。社会状況に内在する問題が個人の不充足感をもたらし、その不充足感を自覚させる意識転換があり、なんらかのトリガーが行動転換をもたらす。その逆方向の作用として、人の行動転換、例えばソーシャル・ビジネスの起業、環境NPOの創設、農山村への移住などが社会転換をもたらす。行動転換の影響を受けた社会は、行動転換に対して寛容であれば、さらに行動転換を後押しするだろう。このように、「人の転換→社会の転換→人の転換→」という作用・反作用の「転換ループ」が形成されていくことが望ましい姿となる。

「転換ループ」が形成されるなら、構造的問題を生み出す社会には自らを転換させる方向に自走しだすことになる。しかし、実際には転換ループはなかなか自走しない。転換ループの自走を阻む阻害要因があるためと考えられる（**図２－９**参照）。

②人の意識転換のきっかけづくり

「転換ループ」を形成するためには、その形成の阻害要因を解消する支援施策が必要となる。白井ら（2021）は、次のような支援施策を考察している。

まず衝撃的な直接体験、メッセージ性の強い媒体などに関わる機会を提供することが有効である。とくに、自己肯定感の低さや行き詰まり感

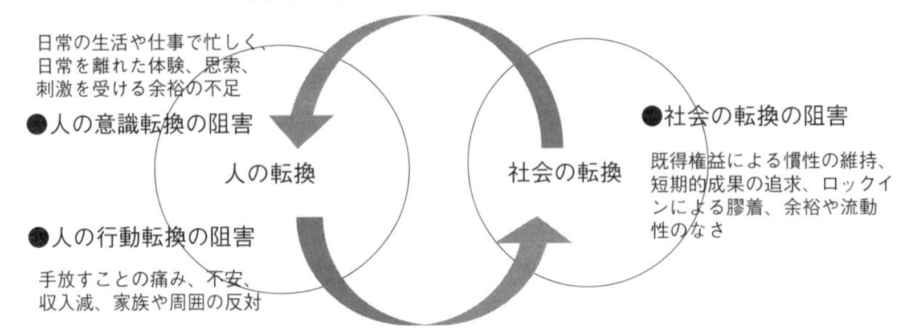

図２―９　人と社会の転換ループの阻害要因

と言ったネガティブな側面がある主体に対しては、生き方の選択肢を提示したり、社会の問題と個人の問題が通底することを気づかせるようなメッセージを送ることが、自己の問題を解消し、自己の成長につながるトリガーとなると考えられる。

また、白井ら（2021）は指摘していないが、忙しさにかまけて思考停止に陥っている主体に対しては、日常を離れ、静かに思考を行う時間を設けることが必要となるだろう。勤務先におけるメンタルヘルスサポートの一環として、余裕時間づくりなどができないだろうか。

③人の行動転換を支援する施策

白井ら（2021）は、意識の転換を行動の転換につなげる３つの施策を考察している。

第１に、学習者一人ひとりに寄り添う人の存在を確保することである。これには、ロールモデル、ナビゲーター、パートナー、サポーターという異なる４つのタイプがある。行動の転換がそれまでの習慣を手放す痛みを伴うものであるとすれば、特にメンタル面も含めて、寄り添い、支える人の存在が不可欠である。行動の転換の支援にあたっては、学習者自身の行動の転換を図りたいという意思があることを前提に、4つのタイプの人を学習者が確保するように、アドバイスや紹介を行うことが考えられる。

第2に、新たな生き方の選択肢を提供することである。特に行き詰まりによる生きにくさを抱え、行動の転換を図りたいという意思がありながら、行動の転換に至ることができない学習者に対して、選択肢の情報提供が有効である。また、新たな生き方で生計を立てていくための技能の獲得やネットワークの形成につながるような研修機会を提供することも必要である。

第3に、お試しとなるような短期間の行動機会を提供する。これは、準備が不足する行動への全面的なシフトによる痛みを解消する方法として有効である。加えて、行動の実践を行うことによる意識の転換もあることから、転換を促す学習機会としてもお試しとなる行動機会の提供を意義づけることができる。

④人の行動転換から社会の転換へ

人の行動転換における失敗を減らすための支援施策としては、選択された行動を成功させるような専門的な支援や相談などの機能の充実が考えられる。

そして、なによりも失敗してもリセット・リスタートができる社会にすることが大切である。行政・企業・NPOなどの間の人材流動性を高めることも1つであるし、失敗してもなんであっても挑戦を勲章と思えるような気運・文化をつくることが必要である。

（2）良き転換のための自己転換型知性

①自己転換型知性を高めることが重要ではないか

意識や行動の転換を促すことで社会との転換ループをつくることを目標として、その支援施策を示した。しかし、転換さえすればいいというものではない。

なぜなら、意識や行動の転換には危なっかしさを伴う場合があるからである。例えば、素直な性格で影響力のある誰かの意見に惑わされている、周りの雰囲気に流されている、よく考えずに衝動的に猪突猛進になって行動をしているなど、知識や熟慮が足りない場合に、危なっかしさが伴う。

一口に意識や行動の転換といっても、発達段階に対応して、それぞれの段階での転換があるのではないか。発達段階とは人としての成長の段階であり（単純に年齢が若ければ発達段階が低いということではない）、この段階が低い場合の転換に危なっかしさがあるのではないだろうか。できるだけ発達段階をあげたうえで転換を行うことが必要ではないか。

では、発達段階とは何か。序章にも示したように、発達心理学を専門とするキーガンは、成人の知性の発達プロセスとして、「状況順応型知性」「自己主導型知性」「自己転換型知性」の３段階を示した（キーガンら、2017）。「状況順応型知性」は周囲の期待に対応し、他人の考え方や価値観に依存する知性、「自己主導型知性」は自分自身で考え方や価値観、行動規範を持ち、自律的に行動し、自我を形成する知性、「自己転換型知性」は自分自身の考え方などを客観的にみて、その限界を知り、異なる考え方などを統合することで、自己を形成する知性である。この自己転換型知性を高める発達が重要ではないか。

キーガンの発達段階は、主体と客体の関係において、自己の中で何がどれだけ客体になっているかという点で捉えている。客体とは、「自己の中で、自己が心的距離を取ることができ、客観的に思考できる、扱うことができる領域」であり、その部分が増えていくことが発達なのである。

自己転換型知性を高めたうえで意識と行動の転換を行うことが良き人の転換であり、それが良き社会への転換をもたらすのではないだろうか。この証明はできていない。しかし、誰でも彼でも転換が良いことではなく、内省と俯瞰による知性を働かせた人（自己転換型知性が高い人）の転換を起点にした転換ループの形成を目標とするべきだろう。

②ディープエコロジーの意味すること

自己転換型知性と関連する視点として、「ディープエコロジー」をあげておく。ここでいう「ディープエコロジー」とは人間中心論に対抗する自然中心論ではない。アルネ・ネス（1997）の「ディープエコロジー」についてのワーウィック・フォックス（1994）の解釈によれば、「ディープエコロジー」のディープとは内的側面への踏み込みの深さ（内的深化の程度）である。そして人の内的深化という発達は他者との一体性をもたらし、自然への配慮を高めるという考え方を提起している。

たとえば、大きな自然の中に身を置き、自然の存在と営みのスケールを感じ、小さな自分の存在や営みを内省することを創造してみよう。そして、大きな自然と小さな自己の内面の合一感を感じてみよう。あらゆる存在を大切に思い、自己の内面にある本当の自分に即して生きようという気持ちが沸いてくるのではないだろうか。

自己転換型知性を高めることは、この「ディープエコロジー」を深めることと通じる。つまり、自己の中に客体を持つことは、それだけ内面を掘り下げる（深める）力を持っていることであり、掘り下げる（深める）ことで他者との一体感が高まる。そのうえで選択された行動の転換は良き転換であり、良き転換ループの形成につながっていくのではないだろうか。

（３）政策と連動する転換学習システム

①パースペクティブを変化させる転換学習

1980年代より、生涯学習論（とくに成人学習論）の一環として、転換学習が研究されてきた。

本章のここまでに、人が生きる場での転換のプロセスを説明し、それを社会の転換と作用させる転換ループの形成を支援する施策のあり方を整理した。この結果は、転換学習の研究成果を追証するものとなっている。加えて、転換学習の研究は次の３点において、ここまでの記述を包含している。

第１に、転換学習の研究は「参加者自身が批判的なふり返りを通して、参加者自身のニーズや価値観の背後にある、社会的な歪みを反映している意識の存在に気づき、それを転換していく過程を大事にしており、さらに意識転換の学習から社会転換へという流れをもとうとしている」と説明される（三輪、2004）。つまり、転換学習は転換ループの形成も範疇にしている。

第２に、パースペクティブの変化は自己転換型知性を高める方向への変化だと解釈できる。「自分自身の考え方などを客観的にみて、その限界を知り、異なる考え方などを統合する」という自己転換型知性は、転換学習における「新たなパースペクティブ（ものの見方）の、自分の生活への再統合」を図る知性にほかならない。

第３に、転換学習は無意識の部分も含めた内面を重視する。ショーン（2007）は、想像力と精神性、意識と無意識の間の統合、人間存在を超えた感情や力の認識、自分自身で認識できていない考え方や知識（暗黙知）などを扱った転換学習論を構築している。この点では、転換学習もまたディープエコロジーに通じる。

②転換学習の道具としての対話の可能性

転換学習は人の意識と行動の転換を学習プログラムとして、さらに積極的にデザインするものである。転換学習のきっかけとなるジレンマを持った人に対して、新たなパースペクティブの獲得を出口とした学習プログラムを開発することができるのではないだろうか。

その転換学習のアクティビティとして、深い対話の可能性を述べる。対話とは「自己と他者で言語・非言語による表現のやりとりを丁寧に行うことにより、①自己あるいは他者の相互の理解であり、②自己あるいは他者の考え方、③自己と他者の関係性、④自己と他者が存在する場

（組織・社会）を、良好なものに変化させていくことを意図する、目的を持った表現活動である」と定義される（白井、2021）。ひらたくいえば、対話とは、「他者との話しあいとわかりあいを通じて、他者、自分、関係、社会を変えていくことである」。

こうした対話は教育、哲学、組織経営、地域づくりにおいて、目的に応じて手法の重点を変えながら、活用されている。転換学習の一環として、自己転換型知性を高めながら、意識の転換を行動の転換につなげることを目的として、対話の手法を活用するプログラムを開発することが考えられる。

前野・保井（2017）は「対話は、自分の外の人との対話、自分の中の（無意識）小人たちとの対話、世界・社会・環境との対話、総合的なやりとりの総体」と定義している。対話はやりとりをする他者があって成立するが、その他者は人間である場合もあれば、自己の中の無意識の部分、世界・社会・環境、自然、生物、宇宙などと様々である。自然のように他者が表現をしない存在である場合は、他者の代弁を行う別の主体を持つことにより、一人で行う対話もあり得る。このように、対話は自己の内省、多角的な視点を持つという自己転換型知性を高めるうえで有効な手法である。

③地域における転換学習システム

転換学習を進めるためには、対話のアクティビティだけではなく、様々なアクティビティを組みわせることも重要である。有機農業の体験、森林セラピー、コミュニティでの清掃活動、絵画やダンスなどの心身を使った芸術活動、地域の計画づくりなどのアクティビティと対話を組み合わせることで、さらに自己転換型知性を高めることができるのではないか。

また、意識の転換を図るだけでなく、実際の行動の転換を試行する機会を提供すること、人の転換の作用による社会の転換を見える化したり、社会の転換に関与できるようにすることも必要である。

様々なアクティビティを統合し、それらと社会の転換を図る政策と連動する転換学習システムをデザインし、実践する地域の出現が期待される。

【参 考 文 献】

白井信雄、松尾祥子、栗島英明、田崎智宏、森朋子（2021）「根本的なライフスタイル転換のプロセスの解明と転換学習プログラムへの示唆」、『環境教育』30(3).
ロバート・キーガン，リサ・ラスコウ・レイヒー（2017）『なぜ人と組織は変わらないのか　ハーバード流　自己変革の理論と実践』池村千秋訳、英治出版
アルネ・ネス（1997）『ディープ・エコロジーとは何か―エコロジー・共同体・ライフスタイル』齋藤直輔・開龍美共訳、文化書房博文社
ワーウィック・フォックス（1994）『トランスパーソナル・エコロジー：環境主義を超えて』星川淳訳、平凡社
J.Mezirow, 1991, Transformative Dimensions of Adult Learning., San Francisco: Jossey-Bass
三輪健二（2004）「成人の学習－本年報のねらい」、日本社会教育学会年報編集委員会編『成人の学習』東洋館出版社
ドナルド・A・ショーン（2007）『省察的実践とは何か－プロフェッショナルの行為と思考』柳沢昌一・三輪建二監訳、鳳書房
前野隆司・保井俊之（2017）『無意識と対話する方法　あなたと世界の問題を解決に導くダイアログのすごい力』ワニ・プラス

◇第3章　地域の現場でどのように人と地域の転換が進んでいるか？◇

第3章の要点

- めざましく地域活動が進んだ地域では、それを担う新しい人がいる。「理想の暮らし」を志向し、その場所を農山村に求める若者や小さな経済がある農山村の価値に気づき、第二の人生を開く世代が地域の転換を担い始めている。
- トランジション・タウンという「持続不可能なシステムからの脱依存」を図る活動が根付いた地域がある。そこでは、気候変動というグローバルな問題を地域課題として捉える住民主導の活動が導入され、継続されている。これもまた、トランジション・タウンのスピリットを具現化した活動になっている。
- 2010年代に、再生可能エネルギーの導入と地域課題の解決を統合する活動が各地で活発化した。その地域においては、コーディネーターとなる新たな人と元々の地域住民において、相互作用による意識変化がある。地域や自分を俯瞰することができるコーディネーターの存在が重要である。
- 地域づくりのステージは、仕組みを考える、仕組みを動かす、仕組みを発展させるという3段階で捉えられる。それぞれの段階において、ステークホルダーの支援・協力を得るための交渉、実践による学びの蓄積が重要である。
- 地域づくりと人づくりは切り離せない一体の関係にある。社会転換を目指す場合においても、人の転換との相互作用を捉え、それをデザインする施策が求められる。

◇３－１　地域の転換を担う人々

嶋田俊平

本節では、過疎高齢化に直面する農山村が、「転換」を望む人々のフロンティアになってきていること、そして、彼らの転換が地域の転換にもつながっていることを山梨県小菅村に移住した２人の人物のエピソードとして紹介する。

（1）人口700人の山村に集う若者達の「転換」

①村全体が１つのホテルに

2019年8月17日、多摩川源流の人口700人の過疎の村、山梨県小菅村に古民家ホテル「NIPPONIA 小菅 源流の村」がオープンした（**写真３－１**）。筆者は、地方創生のコンサルティング会社である「さとゆめ」を経営する傍ら、このホテルの運営会社の代表も務めている。オープニングイベントには在京テレビ局のカメラがずらっと並び、新聞社、雑誌社の記者も多数参加した。コンビニもない、信号は１つしかない、公共交通は一日３～４本のバスしかないような山奥の村に、一泊３万円の高級ホテルが出来た。そして、そのコンセプトは「700人の村がひとつのホテルに」で、村全体を一つのホテルに見立てる。そんなイメージのギャップや斬新なコンセプトがメディアにも、驚きを持って受け止められたのだろう。

そのオープニングパーティを、晴れやかな表情で司会を務めたのは、このホテルのマネージャーの谷口峻哉氏である。彼が晴れやかな表情をしているのには理由がある。彼は、このホテルが開業する８カ月前から夫婦で村に移り住み、サービス開発の責任者として、毎日のように、集落住民を一軒一軒訪ね歩き、挨拶し、ときにはお茶を飲んだり食事に呼ばれたりしながら、ホテル運営の協力を呼びかけ、まさに村全体で客人を迎え入れ、もてなす体制をつくってきた。

ここで、トランジション（転換）した人物として紹介するのは、この谷口氏である。「NIPPONIA 小菅 源流の村」が開業した年に30歳になった谷口氏は、関西の大学を卒業した後、東京都港区お台場にある高級会員制ホテルで、ホテルマンとしてのキャリアをスタートする。後に結婚する妻のひとみ氏ともこのホテルで出会った（**写真3－2**）。彼女はこのホテルでエステティシャンとして働いていた。2人ともホテルマンとしては順風満帆のキャリアに見えるが、1年、2年と働いているうちに以下のような葛藤を抱えるようになったという。

「大きなホテルだったので、多い時には1日に700人くらいお客さまが来られて、ひたすらさばいていくような日々でした。これから先もホテルの仕事を続けていくんだったら、もっとお客さま1人ひとりに、友人や家族のように向き合える場所で働いてみたい、そして、いつかはそんな小さな宿をやりたい、ふたりでそんなふうに考えるようになったんですよね」

写真3－1　古民家ホテル「NIPPONIA 小菅 源流の村」

写真３－２　谷口峻哉氏と奥さんのひとみ氏

ひとみ氏が体調をくずしたこともあり、5年勤務した後にそのホテルを退職し、オーストラリアに2人で留学し、語学やスポーツ理論を学び、2年後に帰国。帰国した直後に、たまたまSNSで回ってきたマネージャーの求人記事を見て、応募した。

②菅村で見つけた理想の暮らし

谷口氏が応募した理由は、オーストラリア留学中の出来事が1つの伏線となっていたそうである。

「オーストラリアで、クリスタルウォーターズという小さな村に滞在し、パーマカルチャーという、持続可能な生活を大切にしている人達に出会いました。自給自足の暮らしから、太陽光発電、雨水の再利用で生活する暮らしを見て、とても刺激を受けたのです。“自然や人の温かさを感じられる場所で生活をしたい”という想いが、そこで一気に膨らみました。帰国したタイミングで見つけたのが、このホテルの求人でした。はじめて小菅村に来た時、直感で『ここだ！』って思ったんです。水も空気もきれいでおいしくて、なにより会う人みんなが優しく接してくれたんですよね。ここで暮らしたいなって素直に思えました」

「ここで暮らしたい」。谷口氏やひとみ氏からそんな話を聞いたとき、とても新鮮に感じた。筆者のように、地域の仕事を長くやっていると、「地域のために、どこまで身を粉にして働けるか」というような意識が強くなってしまうが、彼らは、「仕事」や「地域」の前に、まず「暮らし」がある。純粋に、「理想の暮らし」の舞台としての小菅村を楽しむ、軽やかな姿勢に感化されながら、彼らとともに、ホテルをつくった。ホテルのサービスコンセプトは「豊かさの本質に触れる宿」とした。ターゲットは「確立されたスタイルや信念に基づく生活を実践している人の"数歩手前のフェーズを生きる人"」で、年齢層は30代～40代とした。そして、そのコンセプトやターゲットをもとに、村人と歩くガイドウォークや、飽きのこないビンテージ家具を中心とした空間デザイン、地域の旬の食材を使ったコース料理などをつくりこんでいった。

③"数歩手前"を生きる若者達が地域の「転換」を担う

果たして、どんなホテルが出来たのか。30代～40代をターゲットにしたとは言え、1泊3万円からという高単価の料金設定なので、実際はお金も時間もあるシニア層が多くなるのではと思っていたが、ふたを開けてみると、30代・40代で5割とターゲットとした客層が中心で、さらには、「記念日に思い切って泊まりに来ました」と言う若いカップル、アルバイトでお金を貯めて泊まりにきたという建築やアートを学ぶ学生さんなど、20代が2割を占め、若い層が予想以上に多かった。

20代～30代の宿泊者と話しをしてみると、小菅村を知らなかった、初めて来たという人が9割以上で、いわゆる観光客ではない。「いつか自然豊かなところで暮らしたいが、まだ踏み出せないので、体験だけでもしたいと思って」「コンビニで済ませてしまうことが多いけど、本当はこの宿のようにオーガニックな食材を丁寧に料理して頂くような暮らしをしたい」など、それぞれの「理想の暮らし」を、我々の宿に投影していて、体験・学び・模索するために泊まりに来てくれているのである。

かつての谷口氏がお台場のホテルで違和感を感じ、オーストラリアできっかけを得て、小菅村で「理想の暮らし」を見つけたように、多くの若者が、「理想の暮らし」を描き、その"数歩手前のフェーズ"を生きている。そして、その「理想の暮らし」のフロンティアとして、農山村が自然と選ばれ始めている。地方創生、地域づくりなど肩肘張らずとも、若者達が自分に向き合い、「理想の暮らし」を志向し、その場所として農山村が選ばれれば、きっと地域はより魅力的になっていくし、多くの人生を豊かに彩っていけるはずである。それが、地域の「転換」にもなるだろう。そんなきっかけとなる宿をこれからも地道に営んでいくつもりである。

（2）第二の人生の舞台に山村を選んだ団塊世代の「転換」

①「転換」の原点が生まれたバブル絶頂期

前項では、コンビニもない、信号が1つしかない、公共交通は一日2本のバスしかないような人口700人の過疎の村、山梨県小菅村に、「理想の暮らし」のフロンティアを目指して若者達が集う様子を紹介した。ただ、農山村を、単なる田舎暮らしの場としてではなく、ある種のフロンティアとして目指すのは若者だけではない。小菅村でタイニーハウスプロジェクトを進める「株式会社小菅つくる座」代表で一級建築士の和田隆男氏もその1人である。

和田氏は、1947年生まれのまさに団塊世代である。バブルの絶頂期、東京の設計事務所でリゾート開発に携わっていた約25年前に、小菅村の公共温泉施設「小菅の湯」の設計を手掛けることになったのが小菅村との出会いだった。その後4代の村長の厚い信頼を得て、高齢者福祉センター、物産館、農村公園、村民体育館、道の駅こすげ、村役場庁舎、村営住宅など、村の主要な公共施設のほとんどの設計を、何度となく村に通いながら手掛けてきた。小菅村の新しい風景をつくってきた人と言っても過言ではない。前回紹介した、筆者が運営する古民家ホテル「NIPPONIA 小菅 源流の村」の改修設計も和田氏にお世話になった。

和田氏の小菅村の最初の印象について「当時の小菅村は今よりも交通網が発達しておらず、外との接触が少なかった。しかし、その中で1300人が暮らしていました。衣食住のすべてが村の中にあって、村の中で経済が完結し、回っている。そこに、都市の原点を感じました」と語っている。「都市の原点」という気づきが25年後の「転換」へとつながる。

②ただ小さいだけではないタイニーハウスを提唱

その和田氏が設計事務所を定年退職後に、第二の人生の舞台として選んだのは必然的に小菅村だった。2017年に、若者と交じって、地域おこし協力隊として村に移住した。和田氏が小菅村で切り拓いているフロンティアは「理想の住まい」、そして、着目したのはタイニーハウスである。地域おこし協力隊の任期中に、株式会社小菅つくる座という会社を立ち上げ、今では、タイニーハウスの製造から販売、設置まで手がける他、タイニーハウスをテーマにした全国規模のデザインコンテストまで開いている。

タイニーハウスは、床面積20～30平方メートル程度、500万円前後で建設できる超小型住宅で、工期が短く建築コストが安く、また、手狭になれば柔軟に増築することもできるなど、若者を中心に注目を集めている、新しい住宅のトレンドである。ただ、和田氏にとって、タイニーハウスは安さや手軽さなどにはとどまらない、大きな価値・意義を持っている。和田氏は次のように語る。

「私が考えるタイニーハウスは広さで規定されるものではなく、『人生における家の立ち位置を考え直す』ことが根本の思想です。我々団塊の世代やその下の世代は夢のマイホームのために、住宅ローンの返済にあえぎ、やりたいことを犠牲にしてきました。それは、家が財産的な価値があったからこそでもありました。しかし、実は今、建築資材の低質化もあって、家は20年～30年で価値がなくなりますし、土地も値下がりしています。家＝資産とは限らないのです。人口減少や空き家住宅の増加など私たちの住宅事情は大きな変化に直面しています。こうした住宅事情を鑑みると、家は大きい方がいい、といった価値観自体を問い直す必要があると思っています。大きさや資産としてではなく、自分が住みたい家はどんな家なんだろうとゼロベースで考えてほしいのです」

③タイニーハウスで日本の住まいを「転換」する

少子化、人口減少時代の中、ローンを抱えず、小さくても、自分が目指すライフスタイルや趣味嗜好にあった家を持ち、お金と時間をもっと自由に使える人生を送ろうという思想である。そんな思想を広めるための仕掛けが、「タイニーハウス小菅デザインコンテスト」である。建設会社に頼んで画一的なタイニーハウスを量産しては意味がない。もっと自由な発想で「理想の住まい」を提案してもらおうという趣旨で、賞金の他に、受賞作は実際に小菅村に建つというのが応募者のインセンティブとなる。

初回は100組程度だったエントリー数も第4回の2020年には、エントリー数787組、応募作品数336組を数えるコンテストとなった。応募者の内訳は、建築を学ぶ大学生・大学院生が55％、建築家らが35％で、それ以外が10％と、若い世代の応募が多いのが特徴で、中には高校生や中学生の応募もある。まさに、新しい世代が、これからの時代の新しい住まいを提案する、「理想の住まい」づくりのムーブメントへと育っている。和田氏のプランはまだまだ続く。

「人々が協力して地域内経済をつくり、それが大きくなって都市になりました。自分達で暮らしをつくる、住まいをつくる、そんな都市の原点が小菅村には今も息づいています。今後は、小菅村にタイニーハウスを体験できる宿泊施設『タイニーハウス・ビレッジ』をつくる予定です。より多くの方に、ライフスタイルと住まいを見つめ直すきっかけとして、タイニーハウス、そして小菅村に訪れてもらえたらと思います」

小菅村のタイニーハウス。人口700人の小さな村の小さな家から、日本の住まいを「転換」していく。団塊世代の和田さんが若い世代とともに、肩ひじ張らず、軽やかに始めた社会実験である。

◇３－２　トランジション・タウンの実践

野口正明

地域のネットワークを通じ、ならではの資源を発掘し、交流を促していくことで、地域住民の絆を深め、課題を解決していくことに重点を置くトランジション・タウンの具体的な実践事例を通じて、その特徴や展開方法を紹介する。

（1）トランジション・タウンの本質

①トランジション・タウンの元祖に移住

世界を代表するエコビレッジであるスコットランドのフィンドホーンを訪れた2013年夏、筆者は初めてトランジション・タウンという考え方と実践があるのを知った。その活動に加わりたい一心で、日本における「元祖」の１つ＝藤野（現在は神奈川県相模原市緑区の一部／人口約8500人）というまちにその年の暮れ、東京から移住した（**写真３－３**）。

写真３－３　相模湖を囲む中山間地のまち・藤野

②トランジション藤野の現状

トランジション・タウンとは「市民が自らの創造力を最大限に発揮しながら地域のレジリエンス（底力）を高めることで、持続不可能なシステムからの脱依存を図るための実践的な提案活動」（榎本、2021）と定義される。

2008年にスタートした「トランジション藤野」の活動は、日本国内で知る人ぞ知る存在ともなっているため、歳月とともに進化し、現在ももちろん活発であると想像されるだろう。だが、状況は少し異なる。「トランジション藤野」という名前が明確についた活動は、むしろ、もうあまりないのである。ここにトランジション・タウンの1つの特性があると考えられる。どういうことか？

「トランジション藤野」では、たしかに、地域通貨、森の再生、オフグリッドの発電、食と農、仕事と経済、健康と医療などの分野でワーキンググループが次々に立ち上がり、さまざまな取り組みがなされてきた。それらは、個々に独自の生育プロセスを経て、関連する団体や活動とも結びつくなどして、進化しながら今に至っているのである。

もはや、どこからどこまでがトランジションなのかを特定するのも難しく、もともとの言葉の意味である「移行」や「変わり目」という考え方に照らせば、きっちり線を引く必要もないだろう。先に掲げた定義と、在り方や方向性が合致するのであれば、広義のトランジション・タウンと言えるはずである。トランジション・タウンの大きな魅力は、そんな「緩さ」「おおらかさ」にあると考えられる。

③世界および日本のトランジション・タウンの生成と普及

トランジション・タウンがどこでどのように生まれ、日本にどんな形で入ってきたのかについて触れておく。

トランジション・タウンは、2005年にイギリス南部のデボン州にあるトットネスという人口8000人の小さなまちで、ロブ・ホプキンスさんとその仲間たちが始めた市民運動である。

パーマカルチャーという持続可能な暮らしのためのデザイン体系を教えていたロブさんは、世界における石油産出量が頭打ちになるピークオイルという現象を知り、パーマカルチャーの方法論を応用してこの問題への解決策を探ろうとしたが、その経験がもとになっている。

トランジション・タウンはその後10年強の間に、日本を含む世界400カ国以上1200を超える地域までに拡張している（榎本、2021）。

日本には2007年、トランジション・タウンに出会った榎本英剛氏が紹介し、その翌年、藤野・葉山・小金井の３カ所でスタートを切った。現在は60を超える地域にまで広がっている。

④トランジション藤野の発足と展開

当時、自らフィンドホーンでの暮らしを営みながら「人の可能性を引き出す社会とは？」という問いについて模索していた榎本氏は、食べ物やエネルギーなど自分たちが生きていくうえで不可欠なものを外部に依存していることを、まず自分たちの手に取り戻すことが必要と考えた。

それをどこか未開の地で一から始めるよりも、既に人々が暮らしているまちで仲間たちと一緒にできるところから徐々にやっていくという、現実的なトランジション・タウンの考え方に大きな希望を感じたと言う。

彼は、2008年に帰国後、藤野に暮らしの拠点を移し、トランジション・タウンについての説明会を藤野各地で集中的に実施したり、学校関係や地域の集まりで話をするなどして下地づくりを行なった。その結果、トランジション・タウンの活動を正式に始めようという賛同者がコアメンバーとして約20名集まり、トランジション藤野が発足した。

最初のうちは、コアメンバーが企画や実施をすべて担い、ソーラークッカーでの料理にトライしてみるような単発のイベントが多かったが、活動の持続可能性を高めるという観点からも、テーマごとにワーキンググループをつくり、その中で主体的に活動を行なっていく形に移行していった。

やがて、前述のように多種多様なテーマでの活動が展開することになった。地域のレジリエンス（底力）を高めるための広域なテーマが、現在では「トランジション藤野」という冠がなくとも、根っこの部分でつながっており、必要に応じて協力し合える関係にある。

なぜそれが可能かと言えば、トランジション・タウンにおいて何を大事にして活動していくのかということが、在り方として暗黙的に共有されているからではないか。

これを明文化したものが、**表3－1**に示す「TT（トランジション・タウン）スピリット」だろう。日本におけるトランジション・タウン活動全体をつなぐ結節点のような役割を果たしているトランジション・ジャパンのメンバーを中心にまとめられたものである。

なお、忘れてはならないのが、藤野には、このような新しい時代の匂いに満ちた「TT（トランジション・タウン）スピリット」を寛容に受

表3－1　TT（トランジション・タウン）スピリット

その1	依存から自立へ	自分たちが必要とする資源はすでにその地域にあると考え、見つけていく
その2	Get から Create へ	自分たちが持っていないものはどこかから買ってくるのではなく、自分たちでつくる
その3	分断からつながりへ	同じ地域に暮らしながら、つながっていなかった人たちが互いにかかわりあう
その4	排除から包摂へ	その地域に必要のない人は誰ひとりとしておらず、いろいろな強みを活かし合う
その5	占有から共有へ	うまくいったことや学んだことを情報としてオープンに公開する／リーダーシップは少数のリーダーだけでなく全員で共有し合う
その6	コントロールから自発性へ	計画どおりに物事が進むようにコントロールするのではなく、メンバー一人ひとりの自発性や創造力を解き放つ
その7	ネガティブからポジティブへ	起きていることを受け止めつつ、その状況を自分たちにとっていい方向に変えられる可能性に目を向ける
その8	愚痴や諦めから行動へ	小さなことで構わないので自分ができることから諦めずに行動を起こし続ける

出典）榎本（2021）

け容れる風土があったということである。

（2）「気候変動の藤野学」を事例に

①「気候変動の藤野学」立上げの経緯

トランジション・タウンの具体的な事例を紹介する。筆者自身が当事者として参画した活動の方が、臨場感高く伝えられるため「気候変動の藤野学」（**表3－2**）を取り上げたい。「TT スピリット」が、活動にどう生かされているかにも後半部分で触れていく。なお、このプロジェクトは、NPO 法人ふじの里山くらぶ（私はその理事の1人であった）が

表3－2 「気候変動の藤野学」の歩み

区分	実施時期	実施内容
導入ステージ	2015 年 12 月	ふじの里山くらぶ理事会にて白井先生講演会＋対話会
	2016 年 3 月	気候変動の影響事例調査の説明会
	2016 年 4 ～ 5 月	地域住民による影響事例調査票の記入と回収
	2016 年 11 月	ワークショップ①（調査結果の報告と追加事例抽出）
	2017 年 1 月	ワークショップ②（適応すべき優先課題の絞り込み）
	2017 年 3 月	ワークショップ③（アクションプランの方向性検討）
	2017 年 11 月	シンポジウム（ここまでの活動を総括して発信）
	2018 年 2 月～ 2019 年 5 月	3大課題解決に向けた作戦会議（3回）
模索ステージ	2019 年 10 月 12 日	令和元年東日本台風（台風 19 号）の被害直撃
	2019 年 12 月 8 日	「気候変動の藤野学」再出発の集まり
	2020 年 11 月	令和2年度 気候変動アクション環境大臣表彰を受賞
拡充ステージ	2021 年 4 月～	森の再生活動 CoToLi の森プロジェクト
	2021 年 6 月～	ふじの防災大作戦
	2021 年 7 月～	雨量測定ネットワーク
	2022 年 3 月～	森の再生活動 風の森学び舎～風と水の流れる森づくり

主催していたが、広義のトランジション・タウンの活動だと位置づけられる。

最初にプロジェクトの概要を記す。

「“気候変動の地元学”を藤野でやってみませんか？」と、白井信雄氏（当時、法政大学サステナビリティ研究所教授）から声がけがあったのは2015年の終わり頃であった。

「気候変動」の課題は、国や自治体あるいは企業レベルで取り組むべきものという認識が当時の筆者にはあった。「地元」という暮らしに紐づくニュアンスの言葉がアンバランスに感じられたが、おもしろそうだと乗ってみることにした。一見相反するようなコト同士を統合しようとする動きが、社会や経済に新しい変化をもたらすイノベーションとなるのはよく知られることでもある。

取組みとしては、地域で発生している気候変動の影響事例を調べ、その共有化を出発点にして、気候変動の将来にわたるリスク（および機会）を考えながら、自分たちでできる「自助」とみんなで行う「互助」の視点から、具体的な適応策を検討していくプロセスであった。

藤野では、有志の市民中心に進めていくことになり「気候変動の藤野学」とも名づけられ、NPOふじの里山くらぶがコーディネートして、白井氏との協働で方法を企画・運営することになり、2016年春にスタートした。白井氏との協働は主に「導入ステージ」までで、その後は市民レベルで自立的に運営を継続している。

「導入ステージ」では、最初に、過去から現在における気候変動の影響が、地域の環境や暮らしの中にどのように現れているのかを、参加する地域住民が調査票にもとづいて個々に記述し、その結果を整理した。

その調査内容をもとに、基本的な段取りに沿ったワークショップを実施し、これから取り組むべき優先課題「水土砂災害」「鳥獣被害」「猛暑の健康被害」の３つを話し合いによって選定した。

それから、課題をどのように実践するかについて議論を行い、参加者個々人でやれるところから少しずつやっていくことになった。たとえば、雨量について外部情報だけに頼らず、自家製の雨量計を置いて自宅まわりの雨量と環境変化にどんな相関があるかを継続的に観察しているメンバーにならって同様の取組みをしてみる。あるいは、ハザードマップを持っているだけでなく、実際にどのように活用すればよいのかについて市から担当者を招いた勉強会を実施したりした。

⑤ 2019 年巨大台風の衝撃

このように身の丈に合わせて地道な活動をスローペースで少しずつやっていく方向性に間違いはないように思われた。それを無力化するかのような出来事がその先に待ち構えていることは知る由もなかった。

2019 年 10 月 12 日の巨大台風が、それであった。気候変動の影響によると言われる台風の頻発化や強大化の傾向は、ある程度理解はしていたものの、直接的に身に降りかかるような被災経験はなかった。ところが、異常な量の雨を降らせたこの台風はまったく状況が異なった。

藤野域内の各所で土砂崩れが起き、住民には一斉避難勧告が出され、道路や鉄道は寸断され、まちは一時機能不全の状態に陥った（**写真３－４**）。そして、大変残念なことに、3 名の方が亡くなられた。

写真３－４　令和元年東日本台風による水土砂災害の現場

その直後の12月8日、台風到来の前から予定されていた「気候変動の藤野学」を開催することになった。従来の延長線上ではなく、今回の被災からの学びを込めたいと関係者一同、強く願った。

まず、より多くの市民が参加できるようにしたいと考え、同様の活動をしている他団体の関係者を招き、彼らの情報提供と参加者による対話会を行った。参加者は従来の倍以上となる30数名に増え、これまで見かけることのなかった新たな参加層も顔を見せてくれた。

また、これまでは自助中心だったテーマが、被災体験を踏まえ、自助に加えて、共助と公助のテーマもたくさん論点として出てきた。例えば「災害時に誰がどこにいるのかのリアル情報をどのように把握すべきか」「自治会に加入していないネットワークの外にある人の防災時のケアをどうするか」「個人の自己判断の前に、地域力で避難できる体制が必要では」など。

「気候変動の藤野学」の新しい方向性が、対話から見えてきたと感じられた。つまり、地域住民一人ひとりの意識変容を下支えしていく活動を続けていくのと同時に、行政や自治会などと適切なパートナーシップを構築しながら、自助・共助・公助のよりよいバランスを図っていくということである。

③新型コロナウイルスの猛威

ところが、思いどおりにはなかなかいかないもので、この再スタートを大きく阻害する壁にすぐぶち当たることになる。その翌年春から猛威を振るった新型コロナウイルスである。しかし、負けてはいられない。対面で集まることのできないジレンマを抱えながらも、主にオンライン形式で、気候変動テーマにかぎらず、地域のレジリエンスを高めるためのさまざまな話し合いや勉強会などが行われた。

いま思えば、この時期は雌伏の時期であったわけで、普段はなかなか話すことのなかった地球環境に1人ひとりがどう関わっていきたいのかといったより大きなテーマをじっくり時間をかけて話し合えたのはよかった。

公的な機関との接点が増えたのもこの時期である。気候変動の藤野学の取組みを、これからやっていきたいテーマや課題も含めた上で「気候変動アクション環境大臣表彰」の選考にエントリーしてみたところ、ありがたいことに普及・促進部門で2020年11月に受賞が決まった。

また、相模原市が2020年7月にSDGs未来都市に選定されたり、相模原市議会が2020年9月に「さがみはら気候非常事態宣言」を議決するという動きと合わせて、市と協働で気候変動について考えるオンラインワークショップなどを企画・実施することにもなった。

このような「模索ステージ」を経て、新型コロナウイルスへの対処方法もある程度認知されてきた頃から、一気に実践に向けた活動の幅が広がり、動きも加速していった。藤野の隣町・上野原で始めた森の再生活動「CoToLiの森プロジェクト」を皮切りに、ふじの防災大作戦のイベント、雨量測定ネットワークの構築、そして、藤野での森の再生活動「風の森学び舎」(**写真3－5**)など。この時点では、任意団体含めた複数のグループによる共催形式が当たり前になっていた。

写真3－5　森の再生活動の様子

⑥「気候変動の藤野学」に息づく「TT スピリット」

それでは「TT スピリット」が「気候変動の藤野学」の活動にどのように反映されているかに触れていきたい。

その1．依存から自立へ：最初に行なった地域住民による気候変動の影響事例調査では、調査結果を分析した法政大学のチームが驚くほど、日々の暮らしに根ざした細やかな変化が記述されていた。まさに地域住民の鋭い観察眼が資源となり、活動の起点となった。

その2．Get から Create へ：活動に使える予算がほぼないなか、白井氏の直接的な支援を離れた後も、参加者からそれぞれの状況に合わせて変動式の会費をいただくなど経済の仕組みについても試行錯誤しながら、手作りの活動を続けている。

その3．分断からつながりへ：令和元年東日本台風を境にして、それまで同様の活動をしていながら接点のなかった自治会の自主防災組織やコミュニティカフェなどと連携し、地域のことを点でなく面として考えていく方向にシフトした。

その4．排除から包摂へ：やはり、台風がきっかけになり、従来の地元民／男性／高齢者中心だった参加層に、移住者／女性／子育て中お母さんなどが加わることになり多様性が高まった。

その5．占有から共有へ：イベントの案内や報告は、情報として広報誌やホームページ上で広く公開している。また、リーダーシップのバトンも、私からふじの里山くらぶの理事である井上進吾氏や倉田剛氏たちへ完全に渡り、活動はますます活発になってきている。

その6．コントロールから自発性へ：なかなか行動に移せない「模索ステージ」において、行動計画などを明確に策定して進めるという選択肢もあったが、一人ひとりの内発的動機を大事にしながら、それが芽生えてくるのを待ったことで、自然な「拡充ステージ」への移行を迎えられた。

その7．ネガティブからポジティブへ：気候変動の地域におけるネガティブな要素に目を向ければ、問題はきりがないが、その事実を直視しつつ、例えば水土砂災害が起きにくいまちにしていくために楽しみながら取り組める森の再生活動などを実践している。

その8．愚痴や諦めから行動へ：最近でこそ市との協働ができるようになったが、当初はそのような当てもまったくないなか、自分たちでやれることから小さくとも行動を始めて、続けてきたからこその現在がある。

最後に、日本全国で展開されている自治体が主導する地方創生事業との対比について取り上げたい。地域支援の専門家である木下斉氏が指摘している少なくない現状として、「TT スピリット」と真逆とも言えるものが横行しているようである。筆者もその実例を目の当たりにして愕然としたことがある。

計画を実践する地域の人がその計画を立てるのではなく、立案自体をコンサルタントに丸投げしていたり、補助金を使うことで見た目だけは立派な世の中で流行りの手法を導入し、他地域にも横展開でコピーしていくようなやり方である（木下、2016）。

地域住民は置き去りにされることが多く、一時的な経済価値の上昇に効果があったとしても、地域の行政や住民が主役となって自分たちの頭で考え、行動することがないかぎり、持続することは難しいはずである。「TT スピリット」は、そのエッセンスを地方創生事業にも反映させる価値があるのではないだろうか。

（3）たったひとりからでも始められる

トランジション・タウンの本質は、「TT スピリット」の実践と深く結びついていることをご理解いただけたならうれしいが、これはたったひとりの想いからでも始めることが可能である。

筆者が専門としている対話型組織開発で活用しているフレーム「らしんばん」（**図３－１**）を下敷きにその方法を紹介したい。

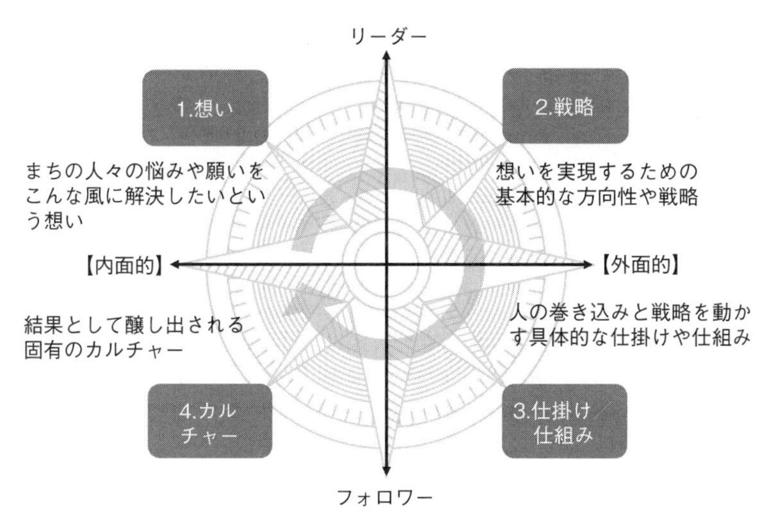

図3－1　対話型組織開発で用いる「らしんばん」(TT版)

このフレームは、縦軸を「リーダー」⇔「フォロワー」、横軸を「内面的（目にみえにくい)」⇔「外面的（目に見えやすい)」と定めて、4つの象限をつくるものである。そして、左上から時計回りで「想い」→「戦略」→「仕掛け／仕組み」→「カルチャー」という順番で進めていくのが効果的である。

①**想い：**トランジション・タウンの活動によって、自分を含めた地域の人たちがいま持っている悩みや願いが、こんな風に解決したらいいなと想うことを、自己の内側から湧き上がってくる欲求にもとづいて自由に描く。

「気候変動の藤野学」も、白井氏から声がけがあり、筆者1人から始まったが、何か崇高な理想があったわけではない。気候変動という実感のできないようなテーマについて、大好きな藤野の人たちと取り組んだら一体何か生まれるだろうか程度の好奇心ありきであった。

②**戦略：**①はまだリーダーの内面にある想いなので、実現していくには、活動の軸になる基本方針を戦略として定める必要がある。この段

階で、活動を始めるのにキーとなる少数の人たちに声をかけて、一緒に考えていくことも重要である。トランジション・タウンのような市民活動の場合、最初から明確な戦略を決めるのは難しいことも多いので、まずはおおまかな方向性が定まれば十分である。

筆者の場合、藤野の市民がもともと持っているパワー（主体性や連携力など）を原動力にして、彼らの進みたい方向性を後押しすることを軸に置いた。気候変動による地域の変化を知っている地元の方々に参加してもらうため、里山くらぶの理事長はじめ理事メンバーをまず仲間にし、一緒に考えてもらった。

③**仕掛け／仕組み**：②の戦略を実践していくには、より多くの人たちの協力と具体的に動かすための仕掛けが必要になる。参加する人は活動に対する共感レベルが高い方が理想的で、その方向へ促進していくことも重要である。仕掛けや仕組みは何か新しいものを考えてもいいが、既存の有効なものがあればそれを使ってもいい。

筆者の場合、里山くらぶ理事たちの地元ネットワークを頼みにエネルギーのありそうな方々を一本釣りすることになった。また、この分野に関する知識がなかったので、白井氏の調査およびワークショップの方法論を使用した。

④**カルチャー**：①～③の流れの中から生まれてくるものが、その活動ならではのカルチャーである。コミュニケーションのスタイルなども含まれる。トランジション・タウンの活動の質と量のレベルを高めていくには、１周目より２周目、２周目よりも３周目というように常にスパイラルアップするような思考と行動を続けていくことである。

「気候変動の藤野学」は、１周目でコアメンバーおよび温度感の高い参加者層が徐々に形成され、和気藹々とした雰囲気となり、地域の重点課題まで見えてきた。２周目は、巨大台風で味わった無力感を乗り越え、小さくともインパクトのあるアクションプランをどう定めるか、より多くの人たちを巻き込むにはどうすればよいかなどを考えて仕掛けていった。

なお、「らしんばん」は、ケン・ウィルバーが提唱した世界観である「４つの象限（The Four Quadrants）」が原型となっている（ウィルバー、1996）。

【参 考 文 献】

榎本英剛（2021）『僕らが変わればまちが変わり、まちが変われば世界が変わる〜トランジション・タウンという試み〜』地湧の社
木下斉（2016）『地方創生大全』東洋経済新報社
ケン・ウィルバー（1996）『万物の歴史』春秋社

◇３－３　再生可能エネルギーを活かす地域づくりにみる転換プロセス

白井信雄・平野彰秀

本節では、人と人の転換の相互作用、人と制度の転換の相互作用により、再生可能エネルギーを活かす地域づくりが進展していった地域の事例を紹介する。

（1）再生可能エネルギーを活かす地域づくりの動き

① 2010年代の再生可能エネルギーを活かす地域づくりの活発化

再生可能エネルギーは2010年代に飛躍的に普及することになった、それまでもエネルギーセキュリティ（石油に過度に依存することの脆弱性の改善）、気候変動防止の観点から普及が進められてきたが、2011年の東日本大震災と福島原子力発電所の事故により脱原発の観点から再生可能エネルギーの普及の加速化が求められたからである。

とくに大きかったのが固定価格買取制度（FIT）の導入である。これにより、売電収益が安定して確保される条件が整備され、採算性が見込める経済事業として再生可能エネルギーの普及が進むことになった。

しかし、再生可能エネルギーの事業は地域にとって諸手をあげて歓迎するものとはならず、むしろ両刃の剣となった。両刃の悪い面は、大規模な発電設備を地域への環境配慮や住民とのコミュニケーションに欠けたままに設置する場合に生じた。特に、大都市圏の事業者がメガソーラーの設置場所を地方に求め、経済利益のみを追求する場合に、自然生態系や景観の破壊などの悪い面が問題となる。

これに対して、両刃の良い面は、コミュニティパワーとしての事業、すなわち地域の事業者や地域住民が出資して、再生可能エネルギーという地域資源を、地域のために、地域主導で活用する場合に現れる。再生可能エネルギーによる地域づくりの効果は、エネルギーの自治力の向上、対話の促進とネットワークの形成、地域経済の自立化、公正と安全・環境共生の確保、主体の自立共生の促進などのように多面的である（白井、2018）がある。

②再生可能エネルギーを活かす地域づくりからの示唆

白井（2018）は、2015年度と2016年度にかけて、再生可能エネルギーによる地域づくりに取り組む8カ所の地域（**表3－3**参照）を調査した結果などをとりまとめたものである。各地域を2回以上訪問し、総勢約100名の方々にインタビューを行い、各地域づくりの全体像を捉え、各々の特徴や共通点を分析した。この膨大な調査結果から抽出される、地域の転換に関連する重要な2点を示す。

第1に、先行する地域では、再生可能エネルギー事業がイノベーションの生成から始まるが、それが地域内で普及し、地域内での他の取組みに波及し、地域外での他の取組みに連鎖していくというダイナミズムがみられる。このダイナミズムをつくるためには、多くの主体を巻き込みながら進める事業デザイン（たとえば、市民や地域の事業者の出資による共同発電）と多くの主体の気づきを促す仕掛けや仕組み（たとえば、住民の関心にあわせた再生可能エネルギーの価値の訴求）が効果的だと考えられる。

第2に、再生可能エネルギーによる地域づくりでは初期段階の事業の生成とその後の普及・波及・伝搬を担う中核的組織やキーパーソンの存在が不可欠である。たとえば、飯田市のおひさま進歩エネルギー、湖南市のコナン市民共同発電所・こなんウルトラパワー、上田市の上田市民エネルギー、小田原市のほうとくエネルギー、みやま市のみやまスマートエネルギーなど、各地域には再生可能エネルギーの発電・小売りにおける中核事業体があり、その中核事業体が地域内の関係者を巻き込むながら活動し、また行政の支援や協働を得るており、それがダイナミズムの駆動力となっている。

上記に加えて、先行する地域では、再生可能エネルギー事業などにかかる人の転換がみられると考えられる。インタビュー調査では、たとえば再生可能エネルギー事業の成功による関係者の手応えと自身の高まりがあるという声も聞かれた。ただし、この調査では、地域づくりのプロセスやその促進要因・阻害要因の抽出やその改善策の提言を主眼としたために、キーパーソンの転換に関する調査は十分に実施していない。再生可能エネルギーによる地域づくりにおいて、キーパーソンの活動の作用は大きいが、地域づくりの実践からのキーパーソンへの反作用により、地域と人の相互作用による転換が進んでいく。また、キーパーソンが関連して多くの人の転換がみられ、その連鎖が起こっていくのではないか。これらを明らかにするため、8地域内のうち、とくにキーパーソンの存在が明確である、郡上市石徹白地域について、キーパーソンへのインタビュー調査を行った。

表3－3　再生可能エネルギーによる地域づくりの調査対象地域

地域	主導する主体		事業手法の特徴			
	公民協働	その他の中心的主体	市民共同発電	再エネ条例	地域新電力	その他
長野県飯田市	○		○	○		
滋賀県湖南市	○		○	○	○	
長野県上田市		移住者、地元大学	○			長野県の呼びかけ
神奈川県小田原市	○	地元企業	○	○	○	
岡山県西粟倉村	○	移住者	○			ローカルベンチャー
岐阜県郡上市	○	地区内のNPOや自治会、移住者				全戸出資の農協
秋田県にかほ市		都市生協、伝統的地区				都市との産直交流
福岡県みやま市	○	外部企業			○	地域間連携

注）白井（2018）で調査対象にしたもの、網掛けは本論での対象

（２）石徹白地区の小水力発電事業とコーディネイター

①小水力発電による地域づくりのプロセス

郡上市の総人口は３万9347人（2022年８月１日現在）。小水力事業で先行する石徹白（いとしろ）地区は元々福井県であったが、昭和33年に白鳥町と越県合併をした。白鳥町を含む７町村が2004年３月１日に合併し現在の郡上市となっている。

石徹白地区は、郡上市北西部、白山の南山麓、平均標高700メートルに位置する。地区内には、日本海に流れ込む九頭竜川水系である石徹白川の源流があり、その支流である朝日添川から取水した農業用水が集落内を流れている。昭和30年代までは210戸1200人強の人々が住んでいたが、106世帯224人(2020年国勢調査)となっている。夏は涼しく、昼夜の温度差により特産であるトウモロコシの糖度が高くなるといわれる。冬は毎年１メートルを越える積雪がある。

石徹白地区では、集落の農業用水路に設置された小水力発電事業が地域づくりを大きく変えることになった。**表３－４**に示すように取組みは３段階で整理される。第１段階は地域づくりの主体形成と小水力の実証実験段階、第２段階は地域づくりとしての小水力事業の始動段階、第３段階は地域主導の小水力事業の本格展開段階である〔詳細は白井(2018) を参照〕。

各段階で設置された小水力発電と発電された電気の用途が異なる。第１段階では縦軸型、螺旋型、マイクロターゴ型の３基が設置され、電気は地元NPOの事務所で12W電球型蛍光灯６灯とテレビの同時使用に成功した。第２段階では２つの螺旋型と１つの上掛け水車が設置された。上掛け水車の電気は農産物加工場に引き込まれた。加工場は休眠中であったが、水車の設置により再稼働となった。第３段階では売電収入が年間2500万円程度となる立軸ペルトン水車２基が設置された。１基は郡上市所有、もう１基は集落の全戸が出資した「石徹白農業用水農業協同組合」所有である。

表３－４　郡上市石徹白地区における再生可能エネルギー利用の段階

段階	石徹白地区の小水力発電の取組み
第１段階地域づくりの主体形成と実証実験	2007 年　「NPO 法人ぎふ NPO センター」の提案により、実証実験開始（愛地球博の余剰金を管理する財団の助成）
第２段階地域づくりとしての小水力事業の始動	2008 年　「NPO 法人地域再生機構」が環境省のコミュニティファンドに関する調査事業に採択、石徹白を調査 2009 年　JST「地域に根ざした脱温暖化・環境共生社会」の採択を受け、螺旋型水車２号機と３号機を設置 2010 年　上掛け水車を農産物加工所脇に設置
第３段階地域主導の小水力事業の本格展開	2011 年　岐阜県庁から農業用水路を利用した小水力発電の提案、自治会が岐阜県の調査を受入 2014 年４月　地区の事業主体として、全戸加入の「石徹白農業用水農業協同組合」（専門農協）を設立 2015 年６月　郡上市所有「石徹白清流発電所」の稼働 2016 年６月　専門農協所有「石徹白番場清流発電所」の稼働

注）2016 年に設置された水力発電所の方法は郡上モデルと呼ばれ、同様の方法で県内４地域に設置された。

各段階において事業主体が外部から内部に移行してきたことが特徴的である。外部人材から提案や支援により持ち込まれた小水力発電であったが、それが地域づくりの手段として地域住民に受容されるようになり、第３段階の地域全体での取組みにつながっている。この過程で、事業のコーディネーターをしていた人物（後述）が移住し、さらに水力事業をきっかけに移住者が増えるようになった。2008 年以降の移住者は 14 世帯で 48 名になっている。若い移住者により、小学校の生徒数は 2016 年に４人まで減ったが、移住の増加により現在は 14 名、来年には 19 名まで増える見込みである。小水力発電が小学校の廃校を防いだのである。

②小水力発電のコーディネーターのライフヒストリー

石徹白地区の小水力発電事業のキーパーソンとして、地域内のリーダーたちと事業をコーディネートし、さらに移住者を受け入れる窓口としての役割も果たしてきた平野彰秀氏がいる。

平野氏は岐阜市にＵターンをして、石徹白地区に通いながら、水力発電事業のコーディネートを行っていたが、築100年以上の古民家を手に入れて改修し、2011年から家族とともに石徹白地区に移住している。平野氏のライフヒストリーの要点をまとめる。

平野氏は、もともと地方のまちづくりに関心があり、進学した東京大学では都市工学を学んだ。最初の就職先はデザイン会社であったが、転職して経営コンサルタントにも勤めた。まちづくりに経営が必要だと考えたからである。

平野氏は、地方のまちづくりに関心をもった原点は３つあるという。１つは岐阜県の郊外で育ち、田園風景が開発によって失われることを見ていたことである。２つ目は長良川の河口堰の開発問題があり、環境問題に関心があったこと、３つ目に都市計画の実践者の本を読み、「人の意志によって町の未来が変わる」ことに感銘を受けたこと。

東京に勤務をしていた頃から、岐阜市で仲間と一緒にまちづくりのNPOをつくり活動していた。

仲間の１人が郡上市の出身であったことから、郡上市へ通うようになった。そのなかで中山間地域の人口減少をまのあたりにする。持続可能社会の構築と地域の再興のため小水力発電を活用しようというアイデアが仲間から出された。そのフィールドとして石徹白地区に出会ったことがきっかけとなり、岐阜市にＵターン。その後3年間（2008年から2011年まで）、石徹白地区に通って、小水力発電の実証実験を行った。2010年に石徹白地区での家が見つかり、2011年の９月に移住した。

その後、石徹白地区で平野氏は小水力発電のコンサルタントをしながら、移住者の受け入れや移住者が行う新しい仕事をサポートする役割を担ってきた。

平野氏はもともとは田舎に住むことを考えていなかったが、妻と石徹白地区で「一緒にこういうことをやろうと話をしていたから、移り先での仕事のイメージができていた」から、移住の不安はなかったという。

③キーパーソンにおける新たな価値観との出会いと深まり

平野氏を石徹白地区に移住させたのは、「日本のかつての価値観や暮らしを大事にしている」という考え方を持っており、「石徹白の人たちの話は全くしらない世界で、知らない人たちの価値観、昔の日本人って、きっとこういう風だったんだろうなと思って、それを学びたいと思った」からである。

この視点を与えてくれたのは、「豊森なりわい塾」での澁澤寿一氏の教えである。「豊森なりわい塾」は豊田市、トヨタ自動車株式会社、ＮＰＯ法人未来・志援センターの三者の協働で行っているプロジェクトであり、森林や里山を学びの場とし、人と地域づくりを考え、それらを活用する仕組みと担い手を創出していく活動である。2009年から始まったこの事業の事務局として、平野氏は里山でのなりわいへの理解と関心を高めたのである。

新婚旅行でブータンに行ったことも異なる価値観への気づきを深め、石徹白の人との出会いが異なる価値観への傾倒を強めた。

平野氏は、異なる価値観について、次のように語る。

「家族の空洞化、地域の空洞化といわれ、便利だけど生きづらい社会になっている。人はコンビニの商品と同じで入れ替え可能である。しかし、石徹白では小学校の運動会で人の子でも孫のように見守ってくれる。人との関係を煩わしいと思い、関係を遮断し、保育園が迷惑施設になる社会がある一方で、田舎には大切にしあう人の関係がある」

「田舎では自分たちで食糧をつくる。災害があってもなんとかなる、お金がない人が弱いということにならない。都会ではシステムにのらないとこぼれ落ちてしまう。本来は自分たちでちゃんと生きる力がある、自分のやりたいことを追求していけるのであれば、受験していい大学にいくことはそれほど大きな問題ではない」

「東京にいるとシステムにどっぷりとはまっている、ある意味ですごい制約の中で生きている、自由度がない。本当に大事なことが忘れられている。かつての日本の中には大事なことはちゃんとあったことが経済成長を求める過程で忘れられてきた」

また、石徹白地区で暮らすなかで、何気ない普段の挨拶や会話のなかで、その人たちの価値観が伝わってくるという。たとえば、ある神主さんの「自分たちで食糧を作れない国は衰退していく、自分たちで食糧を確保するのは当然」というような発言である。また、隣のおばさんはいつも「ありがたい」と言っているが、それを本当に思っていると感じさせるという。

④キーパーソンにおける小水力発電事業を対する考え方の変化

石徹白地区にある異なる価値観への魅力を感じて、移住した平野氏であるが、小水力発電というかつてこの地域に存在した事業を復活させるものであった。とくに、JST（科学技術振興機構）事業では、「地域住民が主体となった小水力事業をどのように実現するか」が研究テーマであった。平野氏は、課題はテクニカルな要因、社会技術的な要因（法律など）、地域住民の合意形成という３つに分けられ、地域住民の合意形成が一番問題であったという。この点について、平野氏は当時の気づきのプロセスを次のように説明する。

「地元の NPO に関わってくれる人はやってくれるがそれ以外は割と冷ややかな目でみている。そこで地域の人に話を聞いていると、地域でホームページをつくりたいという若者や、特産品をつくりたいという女性グループがいることを知った。環境のための発電などというより、地域の人がやりたいことから、地域の人が課題だと思っている文脈にのせていくことが大切だと知らされた」

こうして、JST 事業では上掛水車を農産物作業場の脇に設置し、その電気を使うことで、休眠中であった同施設を再稼働させたのである。さらに、全戸出資で発電所をつくる際にも、平野氏は次のように考えをもったという。

「石徹白では 1923 年に集落で発電所をつくった。明治時代には農業用水をひいた。昭和30年に北陸電力の電気をひいた時に、山の木をお金にかえて電気をひいてもらった。このように石徹白では、縄文時代から。雪も山も深いし大変だったが、そういうのをずっとつなげてきた。地域の存続のために地域の人が力をあわせてやってきたという過去があって、それがだんだん薄れていくのをもう1度、復活させよう、今だからやる意味がある」

この考え方が地域住民に受け入れられ、ほぼ全世帯による地域課題解決のための小水力発電所が設置された。

その後、石徹白地区での事業経験をもとに、平野氏は、郡上市全域での移住促進や企業支援をコーディネートするようになった。こうした取組みを平野氏は次のように振り返る。

「30代では地域の人が事業主体になることに注力し、40代では都市と地方をつないで何か新しい価値を生む仕事に取り組んできた。仲間とともにプロジェクトをつくることが学生の頃から好きだったが、40歳ぐらいになって、異なる分野であっても、仲間とともに事業をつくることが得意だということがわかってきた」

（3）石徹白地区にみる変化の相互作用

①地域の側の人の変化

石徹白地区における地域づくりの展開とそれをコーディネートしてきた平野氏の意識と行動を記した。これに加えて、石徹白地区では地域のリーダーや住民における水力発電に対する意識の変化があった。

平野氏は次の点を考察する。

「震災前から水力発電をやっていたのでメディアの注目が集まった、原発事故がきっかけとなり、地域の人から、社会的な意義があると認められるようになった。」

「全戸出資の小水力発電所を検討する際、地域のリーダー達は、（平野氏が）事業の道筋を示すことで、これはできるという確信を高めた」

地域のリーダーの１人（石徹白秀也氏）は次のように語っている（白井、2018）。

「はじめは誰もが『小さな電気を起こしても遊びで、何にもならない』と冷ややかに見ていた。しかし、JST 事業の小さな水車で 200 万円、上掛け水車で 700 万円ほどかかり、上掛水車の時には県会議員も来て立派なお披露目式をやった。人間は大きなお金が動くと変わってくる。その辺りから見る目が変わった」

また、石徹白氏は次のような危機感の共有があったことが全戸出資の小水力発電所の設置の合意を形成したという。

「郡上郡白鳥町だったころと比較すると、郡上市になって、行政の位置付けと変わり、石徹白はますますとり残されていく、過疎に拍車がかかるという危機感が生まれた。ギリギリのところに地域が来ているということを、真に感じるようになった。(2016 年には）小学校に４人しか児童がいなくなるということが見えてきたとき、２桁はいたのにと焦った。その人の事情によって将来への危機意識には温度差があったが、問題意識が共有されてきた」

小水力発電加えて、移住者に対する意識の変化もあった。平野氏は次のように住民の心情を推察する。

「小学校が維持でき子どもが増えてよかった、移住者になれてきた、そんなに悪い人たちじゃない、地域のことを一生懸命にやってくれて、ありがたい」

②支える制度の変化

人々の意識の変化とともに、小水力発電事業を実現させた重要な点として、石徹白地区の事業を支えるように「小水力発電活用支援事業（県単独補助）」を創設したことがある。

当初、県の石徹白地区への提案は「県営農村環境整備事業（農水省補助）」を活用して小水力発電を設置するというものであった。しかし、この制度により小水力発電を設置しても、売電収益は土地改良区に関連することにしか使えない。地域主体により地域のために小水力発電を設置したいという石徹白の要望に対して、県が新たに設けた制度が「小水力発電活用支援事業（県単独補助）」である。同制度は、農業あるいは農業関連の団体を設立して、地元の事業主体となり、売電収益は土地改良区の維持管理だけでなく、地元公民館や6次産業化にも利用できるという自由度の高いものである。

県では土地改良事業の予算が削減されていく状況のなかで、2008年頃から農業用水の維持管理や農村振興に役立つように、小水力発電を進めていた。平野氏は県からの委託で小水力発電の設置場所を検討しているなかで、県から石徹白地区に提案することになった。しかし、石徹白地区の住民は地域のためにならない発電所ならやらないという反応であった。そこで平野氏が県と石徹白地区の橋渡し役となり、県も集落で行った方が地域のためになる理解を示したことが、県単独補助の創設につながった。

③人と人、人と制度の相互作用

ここまでの記述をもとに、**図3－2**に石徹白地区の住民の意識・行動、平野氏（コーディネーター）の意識・行動、外部の制度や支援策が相互にどのように影響を与えたかを整理した。重要な変化として3点を指摘することができる。

第1に、平野氏の意識・行動への変化である。平野氏は、石徹白地区の人々の自然や生業に対する価値観を知り、それを学びたいという思いを高めて石徹白地区に移住した。さらに、小水力発電事業の設置実験において、住民が抱く危機感や地域課題にむけた思いを知り、それに寄り添う地域課題解決のための小水力発電を設置した。平野氏の石徹白地区への移住は「豊森なりわい塾」を通して学んだ視点が基盤となっている。

第2に、石徹白地区住民の意識・行動の変化である。住民は小水力発電に対する平野氏の寄り添う姿勢やマスメディアで取材されたこと（外部からの照射）を受けて、小水力発電の社会的意義、まちづくりへの有効性、実現可能性への意識を高め、全戸出資による小水力発電の設置につながった。また、平野氏をはじめ、移住者の活躍や人柄をみて、移住者への意識が高まり、よりオープンな地域づくりを進めることにつながった。

そして第３に、平野氏の橋渡しによる県の制度の創設である。このように整理してみると、石徹白地区の小水力発電事業においては、平野氏というコーディネーターの果たした役割が大きい。「異なる価値観への

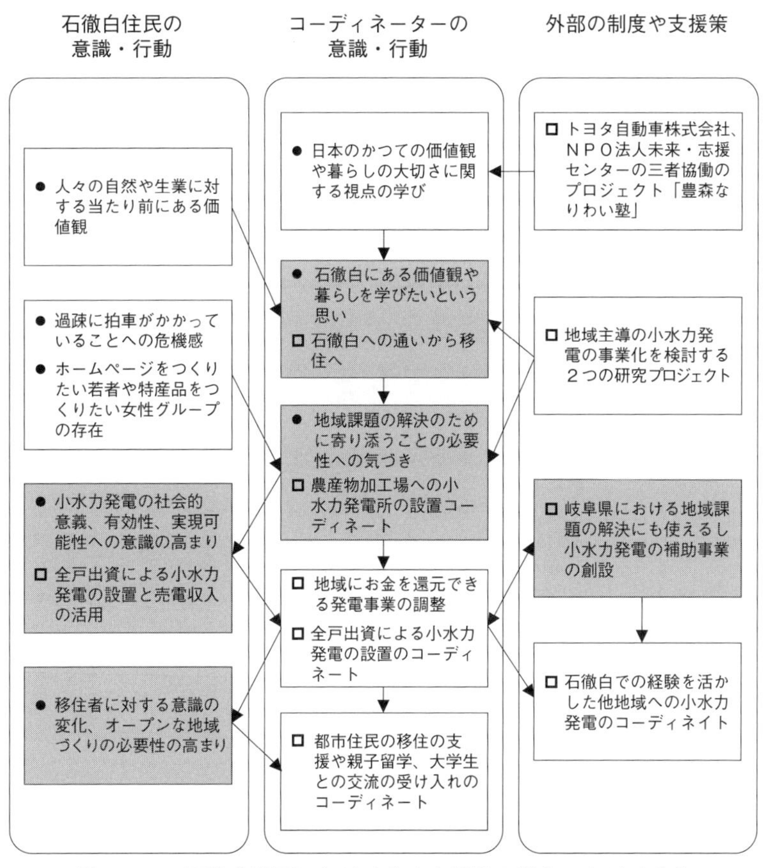

図３－２　石徹白地区における小水力発電の導入における変化

気づき」を得た平野氏が、石徹白地区にある価値観や暮らしに関心を高め学ぼうという姿勢をもっていたこと、また地域住民の考えや活動を尊重する姿勢をもっていたこと、これが地域主導の小水力発電事業の設置とよりオープンな地域づくりの展開につながった。学ぼうという姿勢を持ち、学びつづけるコーディネーターの重要性が示唆される。

本節は、2016年の石徹白地区での関係者へのインタビュー、そして2022年夏の平野氏へのインタビューをもとにしている。石徹白地区住民の側の意識の変化、県の制度の変化、さらに平野氏以外の移住者の方々については、さらに掘り下げる調査を行うことで、人と人、人と制度の変容において、他地域の参考になる示唆が得られる可能性がある。

最後に、平野氏の次の語りを紹介する。平野氏は自分のことも含めて、俯瞰的にみることができる、コーディネーターである。

「狭い地域では住んでいると人間関係が固定化していく。地域では常に新しい人が入って、上手くいかなくなっている地域内の人間関係をつないだり、新しい関係はできてくることが期待される」

【参 考 文 献】

白井信雄（2018）『再生可能エネルギーによる地域づくり～自立・共生社会への転換の道行き』環境新聞社

◇３－４　食と資源利用に関わる地域づくりの転換におけるキーアクション

田崎智宏・小澤はる奈・杤尾圭亮

本節では私たちの生存に欠かせない「食」に関わるモノに着目し、その資源利用のあり方を踏まえた転換プロセスを提示する。まず、食に関わる地域システムが目指す方向性に確認したうえで、そのような方向性に沿った転換のプロセスとキーアクションを、地域での生ごみリサイクルシステムの事例から得られた知見をもとに説明する。

（１）「食」の地域システムが目指す方向性

①目指す４つの方向性

現代社会は、大量生産－大量消費－大量廃棄という、モノの流れから見れば一方通行の持続不可能なシステムをつくりあげてしまった。これを持続可能なシステムに移行させるうえでは、「循環型社会」あるいは「循環経済」（サーキュラー・エコノミー）と呼ばれる社会・経済へと転換をはたし、モノを循環的に利用していくことが必要となる。ある意味では「リサイクル社会」をつくりあげるわけであるが、大量廃棄を大量リサイクルに置き換えただけの大量生産－大量消費－大量リサイクルのシステムにするのではなく、(i) 自然の摂理にそった形で生産を行い自然からの収奪を行わないこと、つまり食に関わる生産活動で環境や生態系を破壊しないこと、(ii) 持続可能な開発目標（SDGs）のゴール 12.3 にもなっている食品ロスの半減という目標と同様に、食品の無駄な消費を生じさせないこと、(iii) 最終的に生ずる食品廃棄物をバイオマスとして、自然の摂理にそった形で有効にリサイクル・循環利用すること、(iv) これらを損ねる事業活動や生活行動に対して抑制をするようなシグナルや動機づけを与える仕組みを構築すること、(v) その一方で、食品が人々の必需品である以上、食に係る事業活動が健全に存続し続けること（事業の継続性とともに、当該事業が労働者を虐げるようなことを行わないことも含まれる。）が求められる。(i) から (v) のように考えると、モノに着目した地域づくりは、モノの生産から消費、廃棄までのすべての段階を視野に入れるとともに、環境面だけでなく経済面や社会面の考慮が必要となってくることがわかる。

②具体的な取組みの例

しかしながら、(i) ～ (v) を１つの取組みで最初からカバーすることは範囲が広すぎて現実的ではなく、多くの優れた取組みはいずれかの点に着目しつつ、他の点にも効果がでるように取組みが展開している（後述する取組みの３つのステージを参照)。特に (i) ～ (iii) は異なる段階に着眼しており、最初から同時実現できる活動を実施できるケースはそう多くない。

具体的な取組みの例をみてみると、(i) については、フェアトレードや漁業の認証であるMFCやASC、パーム油の認証制度であるRSPOや農業の認証制度であるSANなど、各種商品のサステナビリティ認証制度が広がっている。これらは (iv) と (v) も含まれるような形で認証基準をつくり、認証を受けた事業活動が (i) (iv) (v) などを遵守するようにするようになっている。(ii) についてはSDGsへの取組みのなかで、(iv) と (v) の同時達成も視野に入れて取組みが進んでいる。食品ロスに対する啓発活動だけでなく、食品ロスとならないように売れ残り商品を寄付するといった活動や、デジタル技術を用いて需要と供給のミスマッチを最小化して無駄な食品が生じることを回避するような活動が取り組まれている。次の（２）では、(iii) について詳しく述べる。

（２）生ごみリサイクルシステム構築の転換プロセス

①生ごみリサイクルシステム構築の３つのステージ

これまでの生ごみリサイクルシステムを構築するという転換的な取組みのプロセスを総括すると、大きく３つのステージ（段階）に分けることができる（稲葉ら、2019、田崎ら、2016）。具体的には、次のとおりである。

仕組みを考えるステージ（構想段階）・・・何らかの理由で生ごみの資源循環が注目され、多様な角度から検討が始まり、地域における生ごみ循環システムの構想を固めるステージ。前述の（i）～（v）に関し、何を目的として新たな仕組みを構築するかが定まっていく。

仕組みを動かすステージ（本格実施段階）・・・「仕組みを考える段階」で描いた構想を具現化し、本格的に生ごみ循環のシステムを導入し、資源循環を実施するステージ。実施してみてうまくいかないことや反対者への対応が図られる。

仕組みを発展させるステージ（発展段階）・・・地域や分野などを越えて、取組みがさらに進展していくステージ。**図３－３**に示すように、取組みが隣接地域に展開するなど空間的に拡大することや、前述の（i）～（v）の範囲が拡大し取組みの目的に追加や変化が生じる。ただし、この段階には至らず、仕組みを動かすステージのまま取組みが継続したり、取組みが縮小化することもある。

各ステージの期間はケースバイケースであり、数カ月であることもあれば数年かかることもある。場合によっては、前のステージに戻ってし

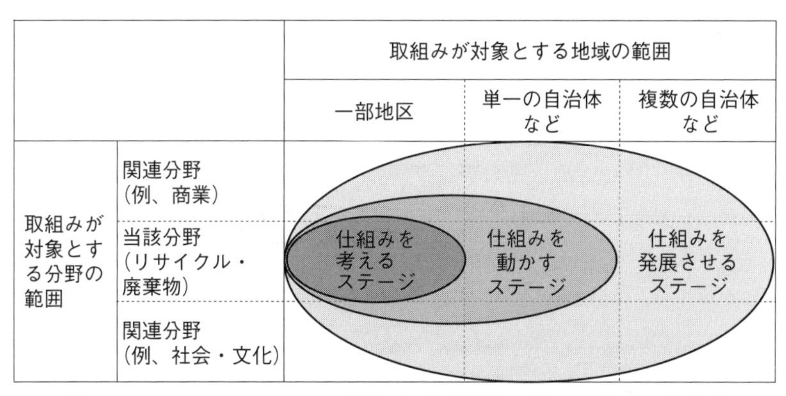

図３－３　３つのステージが対象とする範囲の拡大・発展の模式図

まうこともある。

また、ステージが異なると自ずとステージの目標達成（ステージ攻略）における重要な点が異なってくるため、目標達成の経路（攻略ルート）にも違いが生じる。事例によって違いはあるが、典型的には**図３－4**、**図３－５**のような経路をたどる。これらの図では、ビジネス戦略の知見をもとにステージ攻略のための重要な四要素として、計画、実践、交渉、組織を記載するとともに、丸数字でキーアクションを記載した。これらについては攻略ルートの説明の後に説明する。

②仕組みを考えるステージの経路と攻略のポイント

仕組みを考えるステージ（**図３－４**）では、あるきっかけをもとにトップダウンで新たなビジョンが提示・共有され、そのビジョン実現のための中心グループが形成される。あるいは、ボトムアップ的に新たなビジョンを目指すグループが形成され、メンバーのなかでビジョンが共有・明確化される。ビジョン実現のためには、ビジョンを実行するレベルにまで具体化する必要があり、計画化などにより取組みがオーソライズされることと、そのための必要なリソースとして予算や組織体制が確立する必要があり、これがこのステージの攻略ポイントとなる。そのために、試行的な実施やそのための交渉、他地域での取組みによる学習による組織の補強をしていくことになる。計画化においては具体的な目標を定めることも大切であり、取組みの進捗状況を事後検証できるように

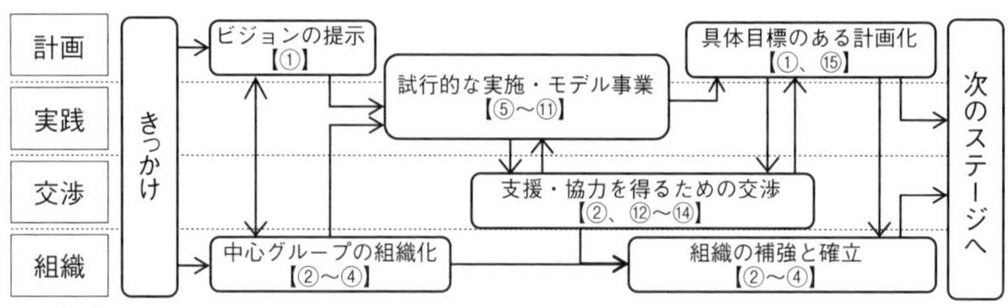

※【　】内の丸数字はキーアクションの番号を示す。

図３－４　仕組みを考えるステージ（構想段階）の主な展開パターンと攻略ルート

しておくことで「ラチェッティング」、すなわち、取組みがある段階以上に後退することを防ぐ働きが機能するようになる。

このステージにおいてシステム転換の観点から大切なことは、関係するステークホルダーを的確に巻き込んでいることである。生ごみリサイクルシステムにおいては、(a) 生ごみの分別排出から (b) 再資源化、(c) 資源化物の利用、すなわち、堆肥や液肥などの利用という複数のフェーズをつなげて初めてシステムが完成する。排出者たる住民、資源化事業者、利用者たる農家がそれぞれのフェーズで取組みを進めると同時に、次のフェーズに悪影響のない形でモノを引き渡さなければならない。リサイクルしてもリサイクル品が使われないというケースが生じうるというのがリサイクルの歴史からの反省的知見である。ある先行事例では、初期段階から農家にも参画してもらい、堆肥や液肥の施用方法を資源化事業者らと検討したことで、この課題をうまく乗り越えてきた。既存システムの関係者をうまく巻き込むだけでなく、協力・協働する状態にまですることが理想である。

賛同はされなくとも反対はされない、あるいは一部の方々からは賛同される状態にまで説明や交渉をしておくことは大切であり、このようにすることで次の本格実施段階でのトラブルが少なくなる。具体的には、ごみの排出者は生ごみを分別しないで燃やすごみなどとして排出できる場合には、住民が既存収集システムの支持者となる。そのため、一部の地域でモデル事業を行い、生ごみの分別が実施可能であることを住民自身が確認し納得するといったことが大切となる。同様に、資源化処理に対抗しうるのが焼却施設などの既存の廃棄物処理であり、関係者間での明確な争いに発展することもあれば、意図的ではないにせよ、安すぎる処理料金を設定することで資源化処理を不利な状況に追い込むこともある。また、農家のなかにもリサイクルで得られる有機肥料ではなく、化学肥料を使い続けることを指向するものがいる。新たな仕組み（システム）の関係者と従来の仕組み（システム）の関係者との間の軋轢が生まれないように、首長や関係分野の有力者を仲間に入れ込むことは大切である。外部の有識者に講演などを依頼し、地域外からの刺激を与えることで理解を得やすたり機運を高めるような工夫も有効である。

③仕組みを動かすステージの経路と攻略のポイント

仕組みを動かすステージ（**図3－5**）では、何よりも実践が重要となる。計画で予定するとおりに物事が進むことは少なく、技術的、予算的、人的に様々なトラブルが発生する。そのため、実践のなかで学習し、取り組みを調整していくことが大切となる（**図3－5**中では「現場での修正」と記載の部分）。経験を積むということを意味するが、そのような経験者の能力によって組織の強化も図られる。その知見を組織に定着させることも大切である。

また、取組みを本格的に実施すると、これまでは無関与・無関心だったステークホルダーから批判が起こりうる。地道に対応していく必要がある。批判のなかにはもっともな指摘も含まれるため、反対意見には改善のチャンスがあると思って傾聴することが理想的である。逆に、これまでに登場していなかったステークホルダーが取組みを支援するようになることもある。例えば、生ごみのリサイクル品である液肥の散布時に「くさい」と言っていた子供たちが、地域におけるリサイクルの取組みを学習し、その意義を理解・発表したことで、散布作業員に労いの声をかけるようになり、周囲の大人たちも取組みに対して好意的な姿勢をとるようになったという事例がある。

システム転換の観点から大切なこととしては、(a) ある新しいシステムとそれに競合する既存システムに関係しているステークホルダーの関わり方を構造的に変化させることができるかと、(b) ダブルループ学習につなげられるかという２点を挙げることができる。(a) の新旧の両システムの構造変化は難しいことを言っているように聞こえるかもしれないが、住民が生ごみの分別を当然のように思えるようになる、ごみ焼却処理の運転管理者などが処理よりもリサイクルを優先するやり方を認

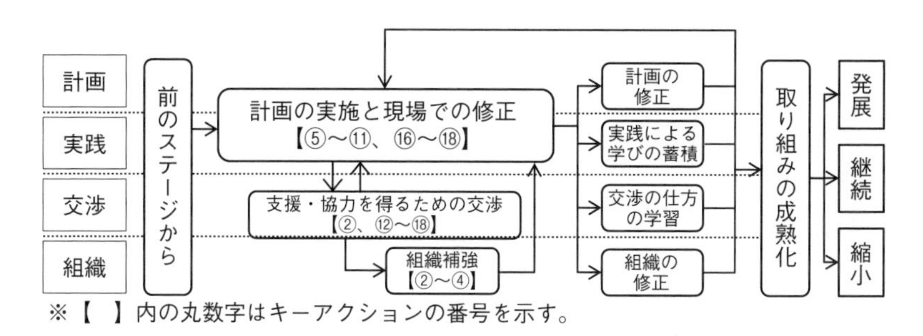

図3－5 仕組みを動かすステージ（本格実施段階）の主な展開パターンと攻略ルート

めるようになる、農家が堆肥などを使うことの抵抗が減るなどといったことである。(b) の学習についていえば、新しく構想されたシステムというものは構想時点で100％完全なものになるようなことはない。単にトラブルに対応するというシングルループ学習ではなく、場合によっては取組みの目標や前提などを疑い、それらを見直すというダブルループ学習を行うことで初めて、新しいシステムが成熟し確立されることとなる。

最後の仕組みを発展させるステージは、前述した2つのステージをつなげたような経路となる。空間的範囲や分野を越えて取組みが行われるようになり、計画や組織の新規策定・構築ではなくそれらの修正や再構築が行われる点に違いがある。そのことに起因して交渉や説明の重要性が増すが、それ以外は概ね同様となるため、ここでは説明を割愛する。

⑤仕組みを発展させるステージの経路と攻略のポイント

図で登場したステージ攻略のための4つの要素の内容を改めて確認すると、次のとおりの定義・説明となる。

【計画】道筋をつける・・・明確な目的・ビジョン、取組みの期間に合致した具体的な達成目標（マイルストーン）を設定して、その共有を図ることと達成目標の計画的な実現を重要視するアプローチ。文献調査や視察による情報収集で道筋をつけることも含む。

【組織】仲間を集める・・・中心メンバーを編成して必要な予算を割り当てたり、中心メンバー内の役割を定めるなど、組織の編成を重要視するアプローチ。中心メンバー内の信頼を醸成することも重視する。

【実践】やってみる・・・現場での取組みの実践から成功パターンや新たな気づき、必要な協力者を見つけ出すことを重要視するアプローチ。成功的な結果を創出することや、それによって達成感やモチベーションを醸成させることで、次の取組みへとステップアップすることも重視する。

【交渉】周囲を説得する・・・取組みの目標達成に反対する人や組織を説得したり、態度を軟化させて、敵対者を減らすとともに、関係者を取組みに巻き込んで支持者を増やすというように、取組みを取り巻く人々を重要視するアプローチ。

事例にもよるので一概にはいえないが、仕組みを考える、動かす、発展させるという３ステージの順にいえば、計画と組織、実践と交渉、これらに基づく計画と組織の再考がそれぞれ重要になることが多いと考えられる。多角的に取組みの進め方を捉えて、意識的にステージごとに取組み方を切り替えることは大切といえる。

（3）システム展開に向けたキーアクション

前項ではシステム転換に向けた大局的な視点を確認したが、実際にはミクロなレベルでの取組みのノウハウも大切である。小さなキーアクションの積み重ねが次第に潮流となって取組みを展開していくからである。システム転換分野の研究者である Loorbach（2010）も、システム転換においては25年以上の長期思考が短期の取組みの枠組みとなることを指摘している。もちろん、単に数多く取り組みや活動を実施すればよいのではなく、**図３－４～図３－５**に示すような攻略ルートを歩むなかで要所要所を越えていく必要があり、やみくもに努力しているだけ

表３－５　システム転換に向けた18のキーアクション

キーアクション名	内容（主に関係する四要素を【　】に記載）
①　計画策定	到達目標を見える化し、計画としてオーソライズする。宣言やビジョンの策定を含む。【計画】
②　キーマン説得	首長・上長や中心的立場の方を説得する。【交渉】
③　組織への勧誘	新たな仲間を増やす。関わっている人をさらに巻き込む。【交渉、組織】
④　担当の設置	担当部署を設置したり、特命職や専属担当を選任したりする。【組織】
⑤　情報収集	書籍や報告書、ネット上の情報などの調査に加え、文字化されていない情報をヒアリングする。【計画】
⑥　先進事例視察	先進的に取組みを行っている地域での関係者ヒアリングや施設見学、現地調査を行う。【計画】
⑦　識者講演・助言	専門家による講演や有識者による助言をもらう。外部の人からの説明で説得される人も少なくない。自分達が気づいていないことや最新情報を得ることもできる。【計画、交渉】
⑧　アンケート実施	人々の賛成度や協力意向を調べる。取組みを進めるうえでの説得材料や説明資料となる。【実践、交渉】
⑨　試行事業	小さな規模でやってみる。有効性や実行性を確認し、課題発見を行う。机上の考えにおける思い込みを修正する。【実践】
⑩　評価	貢献者を表彰する。取り組みの効果を評価する。【実践、計画】
⑪　活動説明会	定期説明会を開催するなどして、支援者へのフィードバックを行う。支援者をつなぎとめ協力意向を高める。説明する側にも、深い理解や取組みに参画した満足度を高める効果をもたらす。【実践、交渉】
⑫　非公式な交流	懇親会など、普段と異なる場で説明や対話を行う。本音で話をしやすくなる。肩書きといった立場での交流ではなく、一個人としての交流をする。【交渉】
⑬　競合回避	競合する活動や製品などとの棲み分けや差別化を行う。自分達がやらない方が効果的なこともある。不要な対立を避ける。【交渉、計画】
⑭　他組織連携	他の組織から反対がでないように、あるいは協働して取組みの効果を高められるように連携する。【交渉、組織】
⑮　ブランド化	キャッチコピーの考案、ロゴの作成、キャラクターの制作などを行う。【実践、計画】
⑯　権威付け・保証	独自基準の設定や既存基準の利用により、自分達の活動や成果物などが一定の水準を満たしていることを示す。【計画、交渉】
⑰　広報	イベント、広報誌、Ｗｅｂ、チラシ、プレスリリースなどで対外的に取組みを発信する。【交渉】
⑱　非公式な広報	個人的なつながりで情報を伝える（口コミなど）。より響くメッセージとなりやすい。【交渉】

ではシステム転換は起こらない。

生ごみリサイクルを構築する数年から十数年の活動期間において用いられたキーアクションをまとめたものを**表３－５**に示す。これ以外のキーアクションも存在すると考えられるが、まずはこれらを使いこなすことから始め、地域のシステム転換への刺激を与えていくのがよいだろう。

【参 考 文 献】

稲葉陸太、田崎智宏、小島英子、河井紘輔、高木重定、櫛田和秀（2017）「地域資源循環事業活動の戦略的視点からの経緯分析」『廃棄物学会論文誌』28、87-100

田崎智宏、稲葉陸太、河井紘輔、小島英子、小澤（遠藤）はる奈（2016）『物語で理解するバイオマス活用の進め方～分別・リサイクルから利用まで～』、92
（https://www-cycle.nies.go.jp/jp/report/biomass_guide.html）

ヘンリー・ミンツバーグ、ブルース・アルストランド、ジョセフ・ランペル（2013）『戦略サファリ第２版』東洋経済新聞社

Loorbach, D.(2010) "Transition management for sustainable development: a prescriptive complexity-based governance framework," *Governance: An International Journal of Policy, Administration, and Institutions*, 23(1), 161-183

◇第４章　転換のためにどのような方法が試されているか？◇

第４章の要点

- 未来を考える補助線としての「未来カルテ」や「カーボンニュートラルシミュレーター」といった「このままの未来」を投影する情報ツールを活用し、バックキャスティングで考える未来ワークショップが中高校生を対象に実施されている。
- 多様な市民のアイデアの発散と議論を通じた収束を繰り返して、政策立案に至るWebサービスである「Decidim」が世界各地で利用されている。この「シビックテック」はオープンソースであり、ローカルな実験の成果が地域間で共有されやすい。
- 社会転換のためには生活行動の改善だけでなく、他者と協働し、社会に働きかける「シビック・アクション」が期待される。「シビック・アクション」を担う人々が少数派であるなか、その経験機会を増やし、同じ関心を持つ仲間が集まり、誰もが意見を表面できる場を創出することが必要である。
- 地区レベルのまちづくりにおいては、「内発的動機づけ」を高めるうえで、自分達の提案の実現によって得られる達成感が重要である。子どもと大人が一緒に行うワークショップの工夫、地域に密着して、つなぎ手となるファシリテーターも不可欠である。
- オランダで始められたとされる「トランジション・マネジメント」では、フロントランナーをアリーナに巻き込んでいく。転換の阻害要因として、「技術的ロックイン」と「既得権域の存在」がある。これを解消する穏健な方法の採用を加速化させよう。

◇ 4－1　未来カルテやシミュレーターを用いたワークショップ

栗島英明・倉阪秀史・谷田川ルミ

本節では、バックキャスティングで地域の未来を考えるための補助線として開発した情報ツールとそれらを用いた未来ワークショップ手法について紹介する。

（1）はじめに

日本の人口は、2008 年の 1 億 2808 万人をピークに減少に転じ、2020 ～ 21 年の 1 年間で約 64.4 万の減少となった。今後、その減少数はさらに増え、国立社会保障・人口問題研究所の推計によれば、2060 年までに毎年 80 万以上の人口が平均的に失われていく可能性がある。併せて高齢化も進んでおり、高齢化率は 2050 年には総人口の約 4 割に当たる 37.7% になると予想されている。このような人口減少・高齢化に伴い、地域の持続可能性をどのように確保するかが課題となっている。生産年齢人口が減少する一方、介護・医療ニーズの増大、道路・公共施設などのインフラの老朽化、農林業の衰退による農地や人工林などの荒廃、人と人のつながりの希薄化など地域は多くの課題を抱えている。

また、日本国内でも近年、気候変動によって発生規模や頻度が増えるとされる大規模な豪雨や台風、熱波などによる被害が増加しており、気候変動への対応が求められている。2020 年 10 月に当時の内閣総理大臣であった菅義偉氏がその所信表明演説で 2050 年までのカーボンニュートラル社会の実現を掲げて以降、800 を超える地方自治体が 2050 年までのゼロカーボンシティを宣言している（2022 年 11 月 30 日時点）。

このような社会の転換点においては、これまでの延長線上で未来を考えるフォーキャスティングの有効性が低下する。様々な制約の中で、持続可能な地域社会の将来像を思い描き、その実現のために何をすべきかを考えるバックキャスティングが求められるのである。

（2）未来を考えるための補助線

しかし、全くのフリーハンドで将来のあるべき姿やその実現に必要な取組みを考えることは難しい。そこで筆者らは、地域社会の未来を考えるための「補助線」としての未来情報を準備している。それが、「未来カルテ」と「カーボンニュートラルシミュレーター（CNS）」である。人口減少も少子高齢化も気候変動も「このまま放っておくとどうなるのか」を、可能な限り把握をしたうえで、「あるべき論」との距離を測り、それをどのように埋めていくのかをバックキャスティングで考えるのである。

①未来カルテ 2050

将来の企業の経営環境、国際関係、新技術がどのように展開していくかを長期的に予測することはなかなか難しい。しかし、現状の人口や年齢構成、建造物の状況などが、経年変化するとどのような状況になるかという視点であれば、何もしない場合の将来の姿をある程度予想することができる。つまり、現状の資本基盤の状況（人口と年齢構成、建造物の量と老朽化の程度、人工林の樹齢など）を把握すれば、さまざまな条件を変えずに年数が経過した場合の将来の姿を考えることができる。「定年は現状と同じ」「若年層の職業選択も現状のまま」「農地の広さ当たりの投下労働量も今のまま」といった形で、将来の状況を描くのである。このようにして行われる未来予測（投影）は、当てることを目的としたものではない。転換の必要性を実感する「気づきのための未来予測」である。

このような観点で、人々が人口減少社会の課題に気づくために作成したものが「未来カルテ 2050」である（**図４－１**）。未来カルテでは、人口減少・高齢化がこのまま進行し、かつ産業構造も 2000 年以降の傾向が継続すると仮定した場合に、2050 年に人口・産業構造・教育・保育・

介護・医療・インフラ維持・農林地の維持などがどのようになるかについて、基礎自治体別に視覚化される。全国地方公共団体コード（以下、自治体コード）を入力すると該当するすべての基礎自治体の未来カルテを自動的に発行できるプログラムが、研究プロジェクトのウェブサイト（http://opossum.jpn.org/）から無料でダウンロード可能となっている。

未来カルテは、各自治体における長期的な各種計画づくりに役立てら

6381	高畠町			山形県			全国(万人)		
	2015年	2050年	2050／2015	2015年	2050年	2050／2015	2015年	2050年	2050／2015
総人口	23882	14031	58.8%	1109684	703351	63.4%	12709	10300	81.0%
年少人口（0～14歳）比	13.0%	9.4%	42.6%	12.1%	9.0%	47.1%	12.6%	10.3%	66.4%
生産年齢人口（15～64歳）比	56.9%	43.1%	44.6%	56.9%	45.1%	50.2%	60.7%	50.9%	67.9%
65歳以上人口比	30.1%	47.5%	92.7%	30.6%	45.9%	95.3%	26.6%	38.8%	118.2%
75歳以上人口比	16.7%	30.0%	105.6%	16.8%	29.4%	110.8%	12.7%	13.7%	87.4%

図４－１　未来カルテ

れることが期待される。2019年6月には、地方制度調査会が「2040年頃から逆算し顕在化する諸課題に対応するために必要な地方行政体制のあり方等に関する答申」と題する第32次答申を行った。この答申は、人口減少が深刻化し、高齢者人口がピークを迎える時期として2040年頃に着目している。そして、「具体的にどのような資源制約が見込まれるのかについて、各市町村がその行政需要や経営資源に関する長期的な変化の見通しの客観的なデータを基にして『地域の未来予測』として整理することが考えられる」と未来予測を行うことを推奨し、その予測を基に市町村が地域の置かれた状況に応じた政策立案を進めることを求めている。これは先述の未来カルテのコンセプトと一致している。

②カーボンニュートラルシミュレーター（CNS）

未来カルテで予測した将来の地域社会のデータをもとに、2050年の地域脱炭素の可能性について簡易的にシミュレーションできるのが、「カーボンニュートラルシミュレーター」である（**図4－2**）。カーボン

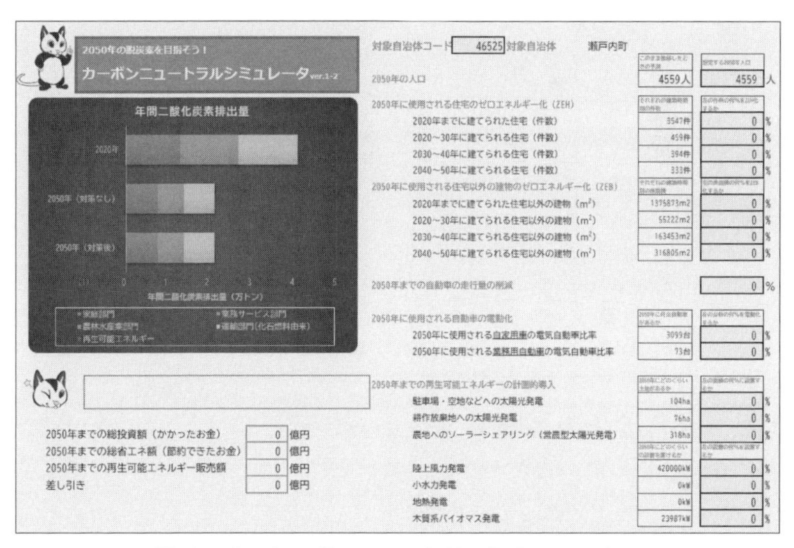

図4－2　カーボンニュートラルシミュレーター

ニュートラルシミュレーターでは、未来カルテと同様に自治体コードを入力するとすべての基礎自治体において2050年の地域脱炭素が検討できる。その概要は以下の通りである。

まず、その基礎自治体の2050年の想定人口に応じた住宅床面積、事業所床面積、自家用と事業用の自動車台数を試算する。これは、未来カルテでの予測と同様に、現状の世帯数や就業者人口あたりの床面積や自動車台数の関係を固定的に扱って算出する。次に、現状の建築物の建築年代から、今後その自治体内でどのくらい建て替えが行われるかを試算する。さらに、その自治体においてすでに開発が行われている土地面積であって太陽光パネルが設置可能な面積、つまり森林伐採などの新たに開発行為を伴わない駐車場や空き地、耕作放棄地、農地などの面積から太陽光発電の導入可能量を試算する。陸上風力発電や小水力発電については環境省の再生可能エネルギー情報提供システム（REPOS）のデータ、木質バイオマス発電については、地域の林野率をもとに導入可能量を把握する。こうして予測したデータをもとに、どのような対策をどの程度導入すれば地域のカーボンニュートラルを達成できるのかをシミュレーションする。具体的には、2050年に存在する建造物の何％をゼロエネルギー住宅（ZEH）やゼロエネルギー建物（ZEB）などのゼロエネルギー建築にするのか、2050年に走行する自動車の何％を電動車にするのか、導入可能な再生可能エネルギーをどの程度導入するのかを選択し、その自治体での脱炭素が可能かどうかを検討する。なお、自動車台数については、公共的に各種の移動手段を確保して台数を削減する選択肢も用意する。

様々な基礎自治体についてシミュレーションを行った結果、人口の多い都市部の自治体では脱炭素が難しいところが多い一方、人口減が進む自治体では比較的余裕をもって実現できるところが多いことがわかった。特に農地を広く持っている自治体での営農型太陽光発電の導入が大きな効果を持っていた。脱炭素をきっかけとして自治体間連携が進展し、都会の富が地方に移動する可能性もあることが見えてきた。

もちろんカーボンニュートラルシミュレーターでのシミュレーションは簡易的なものであり、脱炭素について先進的に進めている自治体からは「ものたりない」し、これだけでは計画は策定できないという指摘も受けている。一方で、先述の2050年までのゼロカーボンシティ宣言を行っている基礎自治体のほとんどが、地球温暖化対策法で定められた地方公共団体実行計画区域施策編を策定しておらず、地域脱炭素のための方向性すら十分に把握できていない（栗島ほか,2022）。カーボンニュートラルシミュレーターはそうした区域施策編を策定していない自治体における地域脱炭素に向けた道すじの把握や、市民・庁内の環境関連部署以外との対話・ワークショップにおけるコミュニケーションツール、学校での気候変動教育での地域脱炭素の理解という場面での活用が期待される。特に学校教育向けのカーボンニュートラルシミュレーターとしては、自治体向けのものよりも項目を絞り、画面も見やすくしたものを開発している。使用した生徒からは、「画面の見やすさ」「脱炭素の道すじの分かりやすさ」「楽しさ」などの観点から高い評価を受けている。なお、カーボンニュートラルシミュレーターも、未来カルテと同様に研究プロジェクトのウェブサイト（http://opossum.jpn.org/）から無料でダウンロード可能となっている。

（3）未来世代によるワークショップ

①未来ワークショップ

筆者らは、前項で紹介した未来カルテやカーボンニュートラルシミュレーターを利用して、人口減少・少子高齢化などに伴う地域の持続可能性に関する課題と地域の脱炭素の同時解決について検討する「未来ワークショップ」を全国で実施している。未来ワークショップは、未来の地域課題を発見し、持続可能な地域社会の未来のビジョンや、その達成に向けて「今から何をすべきか」をバックキャスティングで考え、政策を提言するワークショップである。自治体での部局横断的な研修や実際の脱炭素戦略の検討プロセス、地域の市民参加プロセスでの実施のほか、特に地域の未来を担う中学生・高校生を対象に「持続可能な開発のための教育（ESD）」の一環として実施してきた。ここではとくに中高生を対象とした脱炭素・未来ワークショップについて紹介する。

中高生を対象とする意義としては、様々なしがらみがあり、2050年にはその多くが存在しない現在の大人世代が未来を決めるのではなく、2050年の未来の地域社会を実際に担う世代の意見を取り入れるという点がある。また、中高生たちに自分たちの将来と地域の将来とを同時に考えてもらうことで、地域とのつながり感や地域の潜在的な可能性を認識させ、自ら主体的に地域の課題に取り組むことの意義を感じてもらうなど、地域社会の将来を担う人材育成としての側面もある。類似した考え方に基づくものとして、高知工科大学などが進めるフューチャー・デザイン・ワークショップや、今も各地で開催されている子ども議会の取組みがあるが、今現在の地域社会の「良いところ」や「悪いところ」ではなく、未来カルテやカーボンニュートラルシミュレーターといった2050年の「定量的な未来情報」をもとに地域の強み・弱みを抽出し、バックキャスティングで考える点が未来ワークショップの特徴といえる。

未来ワークショップは、まず2050年の未来の首長となるところから始まる。これは自分たちのことだけでなく、地域全体（様々な人、集落、仕事など）を俯瞰的に捉えて、ビジョンや政策を考えるという役割を認識してもらうためである。次いで、未来カルテや気候変動の地域への影響といった未来情報のレクチャーが行われる。ここでは、提示される未来情報がこのまま何もしなければ起こり得る未来であること、それゆえにこれまでの傾向を転換していくことで未来を変えることができる可能性があることを何度も強調する。さらに、中高生たちにカーボンニュートラルシミュレーターを使用して2050年に当該地域でカーボンニュートラルを実現するにはどのような状況になっていなければいけないか、を体験してもらう。こうした情報のインプットは、後半でのグループによる議論の前提となる。その後、自分たちが理想とする未来の地域について考えてもらい、その実現を阻害する未来の課題を書き出して整理するグループワークと、その課題を解決するためにどのような取組みをする必要があるかをバックキャスティングで考えるグループワークを行う。このグループワークでは、議論が苦手な生徒の意見も出せるように、まずは個人で課題や取組みを考えてもらう時間を設けている。グループワーク後、お互いのグループのアイデアを評価する時間を設けたうえで、最終的に現在の首長に政策提言を行うという流れ（**図４－３**）である。

②ワークショップの成果

こうした中高生向けの未来ワークショップは、やりっ放しにはせず、政策提言に至るまでのグループワークにおける学びやカーボンニュートラルシミュレーターの体験で身についた力について、生徒たちの自己評価という形でのアンケート調査を実施し、成果の可視化とワークショップの改善に役立てている。評価項目は、学習指導要領で生徒が身につける能力として示されている「知識・技能」「思考力・判断力・表現力

図４－３　未来ワークショップの流れ

等」「学びに向かう力、人間性等」に加え、近年の学校教育で中高生たちが身につけることを求められている「地域への貢献」「自己の生き方・在り方を考える力」「主権者意識」について、未来ワークショップの内容に合わせて設定している。そして、この評価アンケートをワークショップの前と後、そして半年後に実施し、ワークショップの教育効果と身につけた力の定着について測定している。

ここでは、鹿児島県の離島である種子島において中高生向けに継続的に実施した未来ワークショップの教育効果の測定結果を紹介する（**図4－4、図4－5**）。種子島においては、2018年度から2022年度の5年間にわたって未来ワークショップを実施しており、評価アンケート結果を踏まえたワークショップの改良を行ってきた。たとえば、2018年度は1日で完結するワークショップのみを実施したが、中高生に馴染みのない「バックキャスティングで考える」ことをいきなり実施することが難しいことがアンケートで分かったことから、2019年度からはワークショップ前にバックキャスティングに関する事前授業を実施することとした。また、ワークショップでの政策提言で終わりとせず、より内容をブラッシュアップするための事後授業を実施したり、未来ワークショップでのアイデアを市が主催するシンポジウムで発表する試みなどを実施することで、より深い能力の定着がみられるようになった。

たとえば、「将来は種子島のためになる仕事や活動をやりたいと思っている」といった項目においては、2018、2019年度はワークショップ後に上がり、半年後に下がるという傾向がみられていたが、2020年度には事前、事後にかけての伸びが半年後にも継続するという結果が得られている。また、「いつかは種子島で暮らしたいと思っている」といった項目においても半年後の定着が良い傾向がみられている。特に高校生では、2019、2020年度において、半年後に向けて段階的に「とてもそう思う」が増加しており、自分自身の未来と地域の未来を重ねて考え、地域のためになることをしたいと思う意識やいずれ地域に戻りたいという意識が育っていることが伺われる。

一方で、地域の再生可能エネルギーや脱炭素に関する知識の定着は、

将来は西之表市や種子島のためになる仕事や活動をしたいと思っている

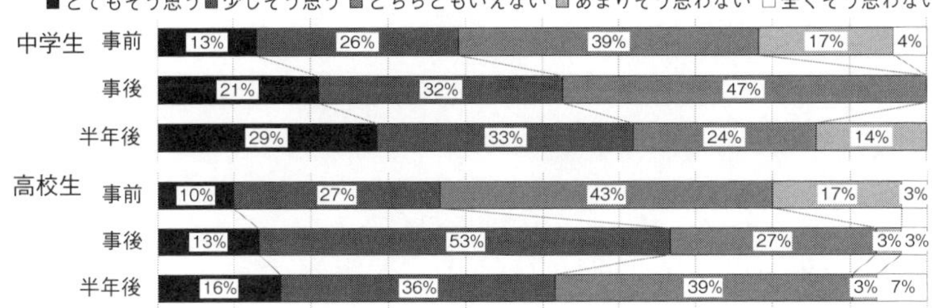

ずっとではないがいつかは種子島で暮らしたいと思っている

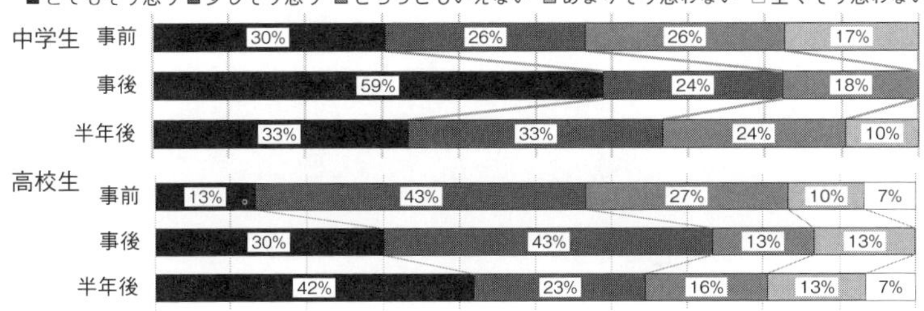

図4－4　種子島での未来ワークショップの成果・地域意識（2020 年度）

西之表市のエネルギーの現状について知っている

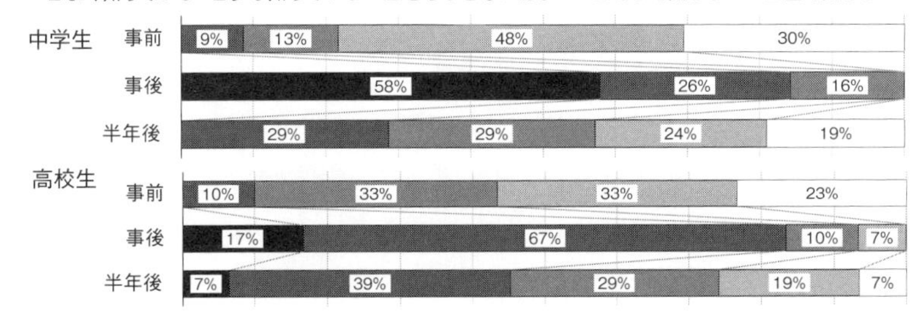

図4－5　種子島での未来ワークショップの成果・知識定着（2020 年度）

必ずしも良いとはいえない。これらは中高生にとってはあまり身近でなく想像しづらいテーマであるため、未来カルテやカーボンニュートラルシミュレーターのアウトプットを中高生の発達段階に合わせて、提供する工夫が必要であると考えられる。

（4）おわりに

本節では、フォーキャスティングの有効性が低下する社会の転換点において、未来を考える補助線としての未来カルテやカーボンニュートラルシミュレーターといった「このままの未来」を投影した情報ツールと、その情報ツールをもとにバックキャスティングで未来を考える未来ワークショップについて紹介した。未来ワークショップは、様々な場面で有効な手法であるが、とくに中高生を対象に実施することの意義が大きい。定量的な未来情報をもとにバックキャスティングで未来を考えるワークショップは、中高生にとって大きな学びの場となっている。最後に種子島での未来ワークショップの最大の成果について紹介し、本節の結びとしたい。

2018年度・2019年度の未来ワークショップに参加した種子島の高校生たちが、大学進学を機に島を離れた後、全国に散らばった同級生や先輩・後輩たちと、故郷である種子島での地域貢献活動を行う学生団体を自主的に立ち上げている。未来ワークショップで種子島の未来の課題を学び、コロナ禍という厳しい状況下で「オンラインによる交流」という武器を得た彼らは、全国に散らばってしまっても、そのつながりを維持し続け、種子島の課題解決のための活動を行っている。そして、その活動の一環として、未来ワークショップのファシリテーターとして、後輩の中高生たちのサポートを行っている。こうした地域を支える若い人材の循環が生まれはじめていることは、未来ワークショップが地域の転換につながっていることを何よりも示すものといえる。

謝辞

本節の内容の一部は、JST-RISTEX の JPMJRX14E1、環境研究総合推進費 2-1910、JST-COI-NEXT の JPMJPF2003 の助成を受けて実施された研究に基づく。

【参 考 文 献】

栗島英明、谷田川ルミ、倉阪秀史（2022）、「気候変動緩和策に関する基礎自治体の現状と課題」『公共研究』18-1、60-80

◇ 4—2　市民参加型合意形成プラットフォームを用いたデジタル民主主義

東健二郎

本節では、オンラインで多様な市民の意見を集め、議論を集約し、政策に結びつけていくための参加型合意形成プラットフォームであるDecidim（デシディム）について、各地の実践事例を紹介する。そのうえで、シビックテックを用いたデジタル民主主義による地域社会の転換の可能性を論じる。

（1）市民参加型合意形成プラットフォーム Decidim

① Decidim の特徴

Decidim は、2016 年にスペイン・バルセロナで誕生した参加型合意形成プラットフォームである（**図4－6**）。誰でもプログラムのソースコードを自由に利用・改変・再配布できるオープンソースとして開発され、バルセロナ市を皮切りに、2022 年時点では世界各地 450 以上の組

図４－６　Decidim 公式ページ

織で利用されている。

その特徴は、多様な市民のアイデアの発散と議論を通じた収束を繰り返しながら、合意形成・政策立案に至るプロセスを設計するためのWebサービスである。また、ユーザー登録をするとコメントをしたりユーザー同士フォローしたりできるなどSNSとしての要素も持ち合わせている。その設計に際しては、プロセスの要素をテンプレート（ひな型）化した「コンポーネント」を用意し、これらを組み合わせてプロセスを表現する（**表4－1**）。

そしてコンポーネントの組み合わせに対して、プロセスを期間で区切る「フェーズ」を掛け合わせることで、さらに多様な表現を可能にする。例えば最初のフェーズではディベートコンポーネント上でコメントができるように設定し、後続のフェーズでは同じディベートコンポーネントのコメント入力を停止すると、同じコンポーネントが「議論をする」「アーカイブされた議論を確認する」の2種類の機能になるといった具合である。

また、Decidimにはコンポーネントの公開・非公開の区別によってコ

表4－1　Decidimが提供する主なコンポーネント

コンポーネント	説明
アカウンタビリティ	プロジェクトの結果を、その元となった提案やミーティングと関連付けて掲載する。
ブログ	各種お知らせなどの記事を掲載する。
予算	事前に設定された金額やルールでプロジェクトに投票する。
ディベート	参加者が賛成・反対・中立の立場でディベートを行う。
ミーティング	対面・オンラインによる会議の次第や議事録を掲載する。
ページ	多言語対応の静的なページを掲載する。
提案	参加者がアイデア投稿し、サポートを受けることができる。
調査	様々な種類のアンケートを実施する。

出典）Decidim公式ドキュメントより筆者作成

ンポーネントを公開の場で運用することを基本にしつつ、プロセスに参加するユーザーやグループ（複数のユーザーを集めたグループとしてのアカウント）を招待することや、管理者権限を参加者に部分的に付与してコンテンツを作成したりユーザーを招待したりするような設定もある。

②オンラインとオフラインの統合

以上は、リアルの場でワークショップを開催する際にファシリテーターが参加者とのインタラクションで考慮する事柄と相似していると言えよう。もともと、バルセロナにおいて車座集会を活発に行って合意形成を進めてきたものをオンラインでも可能にするために設計しているため、当然であるとは言える。

また、同様の観点で、昨今のワークショップツールのオンライン化の流れをDecidim上で実装するものもある。すなわち、オンラインホワイトボードツールMiroやインタラクティブライブ投票ツールのSlidoといった外部サービスをDecidim上のページで表示させて、Decidimのサイト上でアイデア発散・収束プロセスを設計する試みも見られる。

これらは、WebサイトとSNS双方の性格を持つDecidimの特徴を活かしたものとも言えるだろう。様々なツールや方法論が出揃ってきたオフラインとオンラインそれぞれの長所を組み合わせることで、より多くの参加を促すデジタル時代の新たなファシリテーションを実践しようとするものである。こうした言わばオフラインとオンラインを「統合」するためのプラットフォームとしてDecidimを捉えることが適切である。

（2）日本における実践事例

日本においては、筆者が所属する一般社団法人コード・フォー・ジャパンが中心となってDecidimの日本語化を進め、2020年10月に兵庫県加古川市で日本初の取組みがスタートした。コード・フォー・ジャパンだけでなく他の事業者や大学関係者なども独自にソースコードを用いて実装を進めるなど、日本は世界的に見ても急速に活用が進んでいる[注1)]。その中から地域社会のどのような転換を目指そうとしているかに着目して実践事例を紹介してみよう。

①兵庫県加古川市（人口26万878人：2020年国勢調査、以下同じ）

スマートシティ先進地として知られる同市では、スマートシティ構想を策定する際に、パブリックコメントの実施に先立って素案の策定段階から市民ニーズを反映させるべくDecidimを開設した。素案に対して登録者からの質問に対して市役所職員が回答したり、補足説明を行ったりするほか、市民同士の活発な議論が行われた。

また、開設当初から地元高校や大学の授業と連携した取り組み（**写真4－1**）により、10代・20代の参加者が約4割を占めるようになるなど、市役所がこれまでリーチできなかった層とのコミュニケーションの場になっている。その後、オフラインのワークショップを継続的に実施するとともに、施設愛称案への投票や高齢者向けスマートフォン講座、

出典）筆者撮影

写真4－1　兵庫県立加古川東高等学校でのワークショップ

注1）日本におけるDecidim一覧は下記サイトを参照のこと。https://meta.diycities.jp/assemblies/hereandthere (2023年2月22日閲覧)

脱炭素のまちづくりの検討など多様なテーマで運用され、全庁的な取組みとして発展しつつある。

②福島県西会津町（人口 5770 人）

2021 年よりアントレプレナーシップ教育の一環で中学２年生がグループで検討した町の未来への提案を検討し、その実施状況を共有するスペースとして運用を開始した。提案内容の検討には、Google スライドをグループごとに表示させるディベートコンポーネントを配置して閲覧できるようにした上で、生徒同士が授業で意見交換をスムーズに行うことができた（**写真４－２**）。

３年生になった 2022 年度には、町役場が関係者とのマッチングを行い、生徒と Decidim 上で対話しながら実施計画を練り上げ、提案内容のテスト実施を校外学習として町内で活動を行い、その成果を町民に対して発表会で報告をした。

③京都府与謝野町（人口２万 92 人）

与謝野町在住者や出身者、応援してくれる人（関係人口）など、多様

写真４－２　アントレプレナーシップ教育での活動
出典）西会津中学校提供

な声を町政に反映させるプラットフォーム「よさのみらいトーク」として、2021年に運用を開始した。運用に際しては、職員向けのワークショップ実施を通じて役場内にコアメンバーを形成し、各部署の事業で活用するようになった。

具体的には、町内の府立高校と連携して卒業生が在校生に対して進路に関するアドバイス集を作成したり、協働のまちづくりに関して各地区住民とワークショップを実施し、そこで出た自治会のポータルサイトを作成するアイデアを実現したりしている[注2]。

また、オンライン投稿に限定せず、メールや紙での提出内容を役場側でDecidimに代理投稿したり、リアルにアイデアを聞きに行ったりするといった町民のデジタル活用の状況に応じた手段によって多様な意見の獲得に努めている（**写真４－３**）。

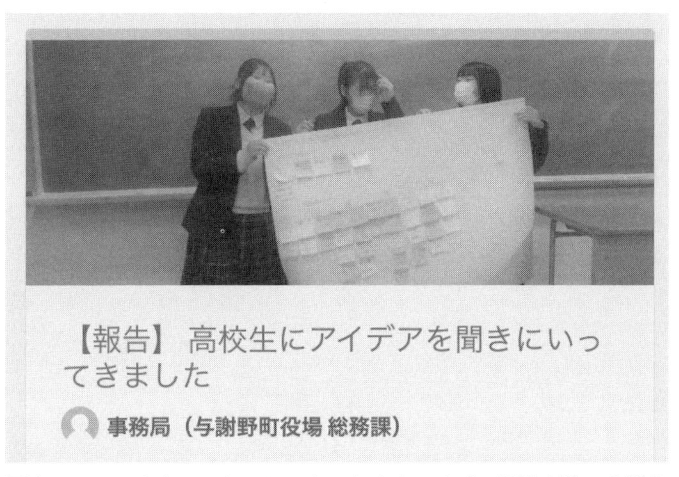

写真４－３　よさのみらいトークにおけるアイデア投稿方法の多様化
出典）よさのみらいトークのサイトより

注2）Decidimを自治会のポータルサイトとして活用するケースは、スイス・チューリッヒ市などで実践例がある。

④岩手県釜石市（人口３万 2078 人）

東日本大震災後の 10 年を踏まえ「全市民参加でつくるまち」を定めた第６次総合計画に基づき、2022 年より運用を開始した。

その際、総合計画の実施状況等を協働で協議する枠組みである「かまいし未来づくりプロジェクトメンバー」をコアメンバーとして、地域課題解決に向けた取組みのアイデアを募集している。着目すべきは、アイデアを実装するためのプロセスとして、「課題募集」「深掘り」「アイデア募集」「アイデア具体化」「活動実施」のステップを設定し、いいね！ボタンの数で次のステップに進むかどうかを検討する点である。

これは、これまでの官民が対面で協議をしていた蓄積を活かしつつ、復興が進む中で個人個人がまちづくりに割ける時間が少なくなってきていることや、コロナ禍での対面制約の中での言わば「新しい日常」の官民協働のスタイルとして定着させることを意図している。

また、オンラインとオフラインの「統合」の観点では、オンラインか

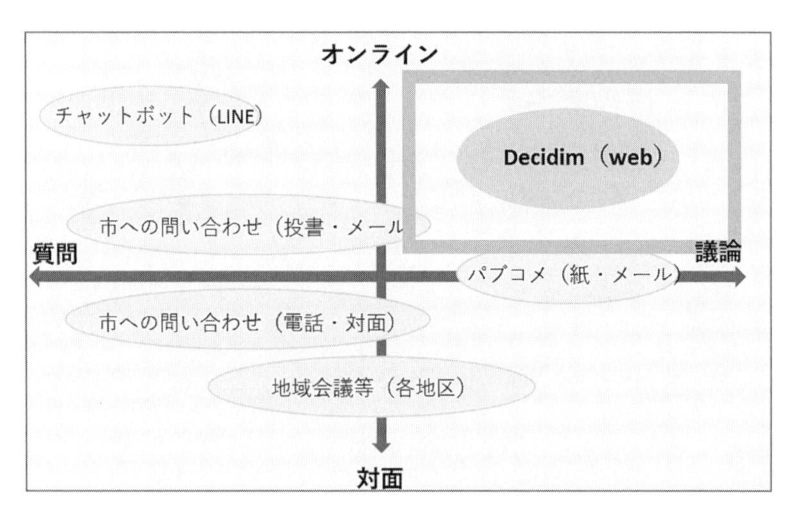

出典）釜石市資料

図４－７　釜石市における Decidim と他の情報発信・意見集約ツールの位置づけ整理

オフラインの違いだけでなく、「市への質問」か「議論」の軸でこれまでの問い合わせや各地区での会議などとの関係性を整理していることも特徴と言えよう（**図4－7**）。

（3）活用事例の特徴

Decidimを通じてどのように地域社会の転換を図ろうとしているのか、前項で紹介した活用事例や他の国内事例からまとめてみよう。

①行政と住民との対話を通じた信頼関係の構築

Decidimは計画策定におけるパブリックコメントの補完として始まった。これは、a.これまでアクセスできなかった年齢などの属性を持つ住民の意見・ニーズを聴くためにオンラインツールを活用する、b.提示された案に対して意見を提出し、それに対する採否を提示する「一往復半」の対話から、よりリアルタイム・双方向性を持たせる「双方向」の対話に進化させようとするものと言える。

これまでの「一往復半」の対話では、行政側には課題把握、住民側には納得感の点でそれぞれに課題があった。Decidimの活用によって対話が「双方向」になることで、より住民ニーズのきめ細やかな把握や行政と住民の信頼関係の構築に寄与することが期待される。

②当事者を巻き込む手段としての活用

しかしながら、その目的である課題解決そのものにとっては、議論を双方向にするだけでは不十分であり、当事者を巻き込むことが必要である。この点、これまでの事例において特徴的な活用が見られる。

a.オンラインでの可視化を通じた当事者化

Decidimは（1）で述べたとおりWebサイトであって、様々な情報・データの可視化の手段として提供される。行政がホームページ上に様々な情報を公開するのは当たり前になっているが、果たしてどこまで十分な情報・データを公開できているか。言い換えれば、どれだけの情報やデータを公開しているかの「量」ではなくて、どのように公開しているかの「質」の観点からは、十分なものであったとは言い難い。

この点から事例を見ると、釜石市のケースは、地域課題を解決するアイデアに対して「いいね！」ボタンを用いて賛同者の数を可視化しエビデンスとするものである。その数の多寡は、参加の「量」でもあるが、どれだけ共感を得られているかの「質」を表すものでもある。すなわち、そのボタンを押すことが参加者の参画を促す仕掛けでもあって、言わば「当事者になる」プロセスとして設計されている。

また、西会津町のケースでは、オンライン化によって学校教育現場の安全性を確保しながらも、その活動を地域にも開かれた形にすることを通じて、生徒の学びを深めている。このプロセスを通じて、生徒が地域に参画する当事者になっていくものと言えよう。

b. オンラインをデジタルデバイド解消ではなく、インクルーシブの契機とする

与謝野町のケースのとおり、オンラインプラットフォームは、リアルでの活動を排除しない。むしろ住民との交流手段を多様化するために、オンラインを用いるという考え方が採られている。

他地域でも同様の視点があり、加古川市や釜石市でも「仕事や子育てに忙しい世代」が少しでも参加できるようにならないかという情報流通の考え方に基づいている。そして、Decidimへのアクセス状況からは、当該世代と見られる参加が観測されており、現状で一定程度の効果が出ていると考えられる。

c. オンラインとオフラインを統合しやすいテーマから活用する

他方で、上記のような活用は、これまでのオフラインの取組みに加えてオンラインの活動を増やすことになり、活動の継続性の観点からは課題がある。この点、まずは各地で取り組みやすいテーマから進め、成功事例を作っていることも特徴である。

そうしたテーマの１つに、デジタル社会への向き合い方を主体的に学ぶ「デジタルシチズンシップ教育」が挙げられる。その実践の場とし

出典）shinshu good talk

図4－8　ゼロカーボンチャレンジマッチの活動・アイデア募集

て、加古川市・西会津町・与謝野町において中学生・高校生による特徴的な活用方法が見られる。今後は活動が継続的に行われるために、過年度の実績を活用する実践例が登場することが期待される。

また、気候変動をテーマとする取組みも見られる。「shinshu good talk」サイトは、長野県の信州エリアをベースとするプロサッカークラブである松本山雅FCが、ホームタウン活動の一環としてSDGsに取り組む「good with YAMAGA」プロジェクトのページである。1試合のホームゲームで発生する二酸化炭素をプラスマイナスゼロにするため、サポーターによるエコ活動やアイデアをオンラインで募集し、投票によりアクションを決定している（**図4－8**）。大勢のサポーターが集まるオフラインの試合とオンラインでの活動の両面で、当事者の活動を可視化することが、その取組の推進力を生み出す好事例と言えよう。

（4）展望～シビックテックの観点から～

①人がつながり、地域課題を解決するプラットフォーム

Decidimに印象的なやりとりが残っている。

加古川市のDecidimにおいてGIGAスクールに対して当事者である高校生が意見を提出したケースで、それまでコメントがなかった状態から生徒のコメントを契機に他の参加者が当事者の立場に立ったコメントを相互に行うようになり、このやりとりを踏まえた記述が同市のスマートシティ構想に盛り込まれるようになった。

Decidimは誰でも自由に使えるオープンソースであり、世界各地で活用が進むプラットフォームである。そして、こうしたテクノロジーを活用して市民主体で自らの望む社会を創り上げる活動を「シビックテック」と言う（稲継、2018i）。

Decidimを始めデジタル民主主義のプラットフォームを用いて、当事者が様々な人たちとつながり、地域課題を解決することが日本において当たり前になること。これこそがDecidimを各地で展開する目的であり、プラットフォームに官民が運営したり参加したりして議論をすることも、シビックテックの活動の最たるものである。こうした官民連携を促進する他に様々な類型がある（東、2021a）。

②プラットフォーム・ユーザーの変遷

こうしたプラットフォームの今後を展望するうえでは、これまでの変遷を踏まえる必要あろう。

まず、プラットフォームそのものの変遷としては、インターネットが普及するに伴い2000年代前半まで各地で「市民電子会議室」が立ち上がった。その後は、2000年代後半から2010年代前半にかけては地域SNSであり、その後のプラットフォーマーによるSNSをはじめ様々なツールが存在している。そして、Decidimもその流れの中にある（なお、こうしたツールを紹介するParticipediaでは、世界各地2000以上の事例、350以上の方法が収録されている）。

またユーザーの変遷としては、総務省の通信利用動向調査によると、日本でスマートフォンユーザーがそれまでのフィーチャーフォンユーザーを超えたのは2014年から2015年とされる。これを契機にTwitter

やFacebookなどプラットフォーマーによるSNSがこれまでのツールをしのぐ勢いになったものの、そのアルゴリズムの透明性、エコーチェンバーによる分断への懸念が現在大きくなっている[注3]。

こうしたプラットフォームの効果については、日本における実証研究からは、オンラインでの意見表明は年齢や地域といった属性の差が投票や抗議活動などの他の政治参加におけるそれと異なる点が指摘されているものの（蒲島・境家、2020）、その参加による具体的な効果については、より多くの事例と今後の分析を待つ状況にあると言える。

③オープンソースを活用するメリット

この点で我が国は、1700を超える自治体・地域が持つ多様な合意形成が試みられるフィールドであって、そして課題先進国としてその取組みを世界各地と共有し合うことが有意義であろう。その際、Decidimのようなオープンソースのメリットがここにある。

すなわち、ソースコードの公開という文字通りの意味にとどまらず、各地での合意形成が同じプラットフォームを活用するとともに透明性を持ったプロセスとして運営されることを通じて多様な実験が行われる意味でも、オープンソースを活用するメリットがある（東、2021b）。そして、これはシビックテックが感染状況をわかりやすく可視化をするサイトを作成し、そのソースコードの活用によって全国でも同様のサイトが速やかに構築されることで人々の行動変容を促す情報提供が進んだように、コロナ禍で果たしたシビックテックが果たした重要な役割の1つでもある。

事例をグローバルに求めつつ、行動はローカルに根ざして課題解決を図るシビックテックのような新たな共創の形が、今後の地域社会の転換の礎となるよう我々も行動していきたい。

注3）インターネット上での情報流通の特徴については、情報通信白書（2019）98-107を参照のこと。

【参 考 文 献】

稲継裕昭編（2018）『シビックテック』勁草書房
総務省編（2019）『令和元年度情報通信白書』
蒲島郁夫・境家史郎（2020）『政治参加論』東京大学出版会
東健二郎（2021a）「シビックテックの展望〜人・地域・デジタルが結ぶ新たな共創の形」ESTRELA（327）、2-9
東健二郎（2021b）「コロナ時代の参加型民主主義プラットフォームの実践〜Decidimを例に〜」ソフトウェアデザイン 2021年10月号、174-177

本節で紹介したDecidim（閲覧日は、いずれも2023年2月22日）
兵庫県加古川市　https://kakogawa.diycities.jp/
福島県西会津町　https://nishiaizu.makeour.city/
京都府与謝野町　https://yosano.makeour.city/
岩手県釜石市　https://kamaishi.makeour.city/
shinshu good talk　https://shinshu-goodtalk.diycities.jp/
Participedia　https://participedia.net/

◇4－3　Z世代が主役となるシティズンシップ教育

森朋子

持続可能な社会へのトランジションを実現するためには、より多くの市民が他者と協働し、社会に参画する積極的な行動を実践することが重要である。本節ではこうした行動をシビック・アクションと呼び、シビック・アクションの影響要因に関する研究成果を基に、どのような教育が望ましいのかを述べる。

（1）変化する教育の目標

この本を読んでいるあなたは、小中高等学校で自分がどんな教育を受けてきたか覚えているだろうか。どの地域で教育を受けたのか、どんな学校で教育を受けたのか、どんな先生に指導してもらったのかなどによって、学校教育に対して持っている印象は人によって大きく異なることだろう。しかしどのような印象を持っているのであれ、日本国内の学校に通ったのであれば、それは文部科学省が定める「学習指導要領」に沿った教育だったことは間違いない。

学習指導要領というのは、国内での教育を一定の水準に保つために、各学校の教育カリキュラムを編成する際の基準を定めたものである。教育をとおして達成する目標、それぞれの学年で学ぶべき内容などが細かく定められている。学習指導要領は時代のニーズに合わせて概ね10年ごとに改訂されているため、世代によって学校で受けた教育は少しずつ異なっている。自分はどのような教育を受けたのか、**表4－2**を確認してみて欲しい。

最新の学習指導要領は平成29～31年に改訂されたもので、従来からの知識・技能、思考力・判断力・表現力といった基本的な知識や技能に加えて、「学んだことを人生や社会に生かそうとする学びに向かう力、人間性」が育成すべき能力に加えられたことが大きな変化である。つま

表4－2　学習指導要領の変遷

昭和33～35年改訂	教育課程の基準としての性格の明確化 （道徳の　時間の新設、系統的な学習を重視、基礎学力の充実、科学技術教育の向上等）
昭和43～45年改訂	教育内容の一層の向上 （教育内容の現代化、時代の進展に対応した教育内容の導入（算数における集合の導入等））
昭和52～53年改訂	ゆとりのある充実した学校生活の実現 ＝学習負担の適正化 （各教科等の目標・内容を中核的事項にしぼる）
平成元年改訂	社会の変化に自ら対応できる心豊かな人間の育成（生活科の新設、道徳教育の充実等）
平成10～11年改訂	基礎・基本を確実に身に付けさせ、自ら学び自ら考える力などの「生きる力」の育成 （教育内容の厳選、「総合的な学習の時間」の新設）
平成20～21年改訂	「生きる力」の育成、基礎的・基本的な知識・技能の習得、思考力・判断力・表現力等の育成のバランス （授業時数の増、指導内容の充実、小学校外国語活動の導入）

出典）文部科学省「初等中等教育における教育課程の基準等の在り方について（諮問）」参考資料より筆者作成

り、教育をとおして能力を身に着けるだけでなく、その能力をどのように使うのかという視点まで含まれているのである。能力の活かし方を学ぶために、学校が社会と連携・協働する「社会に開かれた教育課程」が打ち出されたことも、今回の学習指導要領の大きな特徴である。

個人の学びを社会に活かすことで、社会全体のウェルビーイング（幸福）を実現していこうという教育理念は、日本だけでなく多くの先進国で主流化しつつある。先進国の教育政策に大きな影響力を持つOECDでは、次の時代に適応した教育指針を検討すべく、2015年からEducation 2030プロジェクトがスタートしている。2018年に出されたポジション・ペーパーでは、これからの時代を乗り越えるために必要な資質・能力として「社会を変革し、将来を作り上げるコンピテンシー」が挙げられ、具体的に「新たな価値を創造する力」「対立やジレンマを克服する力」「責任ある行動をとる力」の3つが定義された（OECD

2015)。つまりこれからの教育においては、単に知識、態度、技能を獲得するだけでなく、その力を現実社会の問題を解決することに役立て、より良い社会への変革につなげること自体を教育の目標に据えたのだと言える。従来の教育目標では、個人が良い仕事に就き、豊かな人生を送ることに主眼が置かれていた。しかし、そうした個人のウェルビーイングに加えて、社会全体をより良いものに創り変えていく、すなわち社会のウェルビーイングを達成することも、教育の重要な目標の1つになったのである。

日本の新しい学習指導要領、OECDのEducation 2030のいずれにおいても、こうした新しい教育目標が重視されてきた背景には、これからの社会が先の予測できない、複雑で曖昧なVUCA（Volatility：変動性、Uncertainty：不確実性、Complexity：複雑性、Ambiguity：曖昧性）の社会に突入することへの危機感がある。これまで誰も経験したことのない社会になっていくからこそ、「変化に対応できる人材」ではなく、持続可能な社会を「創造できる人材」が求められているのである。

（2）地域の転換に求められるシビック・アクション

本書のテーマである持続可能な地域社会へのトランジションを実現するためには、教育をとおしてどのような行動を促進していけばよいのだろうか。トランジションが実現するまでのプロセスには、現状の問題を紐解き、望ましい将来ビジョンを描く開始前フェーズ、将来ビジョンから逆算し、現段階で実施すべき革新的な取組みを試行する開始フェーズ、多くの人を巻き込んで試行的な取組みを広げていく加速フェーズ、トランジションが実現し、新たなレジームが出来あがる安定フェーズの4つのプロセスがあるとされる（Frantzeskakiら、2015)。このうちとくにトランジションの成否を左右するのは、革新的な取組みを試行し、世の中に広げていく開始フェーズと加速フェーズであると言われている(Geels 2015)。これらのフェーズで人々に求められる行動としては、例えば以下のようなものが挙げられる。

- 新しい取組みを様々なステークホルダーと協力しながら牽引する。
- 新しい取組みが上手く機能するように、必要に応じて新しい仕組みを作る・従来の仕組みを改める。
- 新しい取組みを進めるための団体を作る・団体に参加する
- 新しい取組みに参加する・応援する。

上記の行動例を見て分かるとおり、“個人での行動よりも人と協働する集団での行動”、“既存のルールを守る受動的な行動よりも持続可能な社会に向けて仕組みやルールを作ったり改善したりする能動的な行動”がトランジションの実現には重要である。筆者が参加している北米環境教育学会では、こうした他者と協働し、社会に働きかける行動、つまり**図４－９**の第一象限（集団・能動）に該当する行動のことを「シビック・アクション」と呼んでおり、環境教育をとおしてシビック・アクションを促進することを非常に重視している。中には「環境教育に取り組むことは民主主義教育を進めることだ」と言い切るメンバーもいるぐらいである。

一方で日本の環境教育に目を向けてみると、日常生活の中でできる個人での環境配慮行動（例：省エネ活動、節水、ごみの削減など）や地域社会の既存ルールを守る行動（例：ごみ分別の徹底など）の促進を目指したものが多く、シビック・アクションの促進を主眼としたプログラムは多くはないのが実情である。地域や社会を持続可能なものに大きく転換することが求められている現状を鑑みると、日本でもシビック・アクションの促進に資する環境教育プログラムをより多く開発・実践していく必要があるだろう。

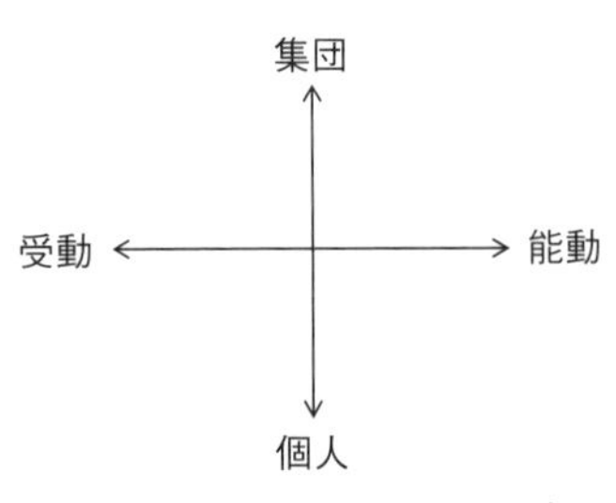

図４－９　環境行動の類型（佐藤、高岡 2013）

（3）シビック・アクションの促進要因と阻害要因

前節で説明したシビック・アクションには、どのような促進要因と阻害要因があるのだろうか。これがわかれば、より効果的な“シビック・アクション促進に資する教育プログラム”を設計できそうである。そこで筆者は、アンケート調査やインタビュー調査を実施して、人のシビック・アクションに影響をおよぼしうる様々な要因について研究することにした。

アンケート調査では、シビック・アクションの具体例として「自分の住む地域で再生可能エネルギー・システムを導入する活動があったとしたら、どの程度参加したいと思うか？」を尋ね、この問いへの回答と様々な要因との関係をみた。調査は15歳から69歳までの1万2136人を対象としてオンラインで実施した。インタビュー調査では、シビック・アクションの実践に至るまでの具体的なプロセスや行動のトリガーを知ることを目的とした。調査対象としたのは、温暖化やプラスチック問題といった様々な環境テーマについてシビック・アクションを実践している14歳～29歳までの若者30人であり、1人あたり2時間程度をかけて、半構造化インタビューを行った。本節ではこれらの調査の専門的な分析方法などは割愛し、調査から得られたシビック・アクションの重要な影響要因について1つずつ解説したい（森・田崎2019、森ほか2022）。

①シビック・アクションに対する知識と認知

あたり前のことではあるが、何か環境問題の解決に資する行動をしようと思ったとき、個人でできる日常生活内での環境配慮行動しか思いつかず、シビック・アクションが行動の選択肢の1つとして思い浮かばなければ、その人がシビック・アクションを実践することはない。実際に筆者が大学での授業や依頼された講演などで、出席者に「この環境問題を解決するために、あなたには何ができると思うか？」と問うと、アイデアの9割以上がマイバックの持参や節電といった個人のアクションであり、エネルギーの電源構成を見直すために行政に意見を届ける、企業と話し合ってプラスチック使用量の削減案を提案する、といったシビック・アクションのアイデアが出てくることはほとんどない。個人でのアクションも集団でのアクションも、重要性はどちらも高いが、現状では集団でのシビック・アクションを思いつかない人が圧倒的に多い、つまりシビック・アクションに関する知識が大きく欠如していることは間違いないだろう。

ではシビック・アクションの知識さえ獲得できれば実践につながるのかというと、そうでもないのである。筆者が実施したアンケート調査の統計分析では、たとえシビック・アクションを知識として認識していても、本人が「自分が関わることではない」「誰かほかの人がやればいい」と考えている場合は、アクションの実践に結び付かないことが分かった。物事に対してどの程度自分が関与し、責任を負っていると感じているかを「責任帰属認知」と呼ぶのだが、この場合はシビック・アクションに対する責任帰属認知を高めることが、シビック・アクションの促進には重要だと言える。同じように、シビック・アクションに対して「やっても無駄だ」「大した効果はないだろう」という考えを持っている場合も、シビック・アクションの行動意欲を大きく損なうことが分かった。行動による効果をどの程度期待しているかを「対処有効性認知」を呼ぶことから、シビック・アクションを促進するためには、シビック・アクションに対する対処有効性認知を高めることも重要そうである。

筆者が実施したアンケート調査では、環境問題をどの程度重大なリスクだと思っているかという「環境問題に対するリスク認知」と、環境問題をどの程度自分が関わる問題だと思っているかという「環境問題に対する責任帰属認知」も尋ねている。なぜなら、これまでの多くの環境教育プログラムでは、環境問題の深刻な実態を知ること（＝環境問題に対するリスク認知を高めること）と、環境問題を自分の問題として捉えさせること（＝環境問題に対する責任帰属認知を高めること）に重きが置かれてきたからである。しかし筆者のアンケート調査分析では、こうした認知を高めることは「環境問題に対して何かしなければ」という気持ちは高めるものの、それだけでは具体的なシビック・アクションの実践には結びつかないことが明らかとなった。教育をとおしてトランジションを促進しようとするのであれば、むしろシビック・アクションの具体的な種類を学び、事例からその効果を知り、自分もやってみたい・自分もできるかもしれない、という気持ちを高めるような学習プログラムが求められると言える。

②シビック・アクションの経験度と満足度

シビック・アクションをやってみたいという意欲に強い影響を及ぼしていたもう１つの要因は、過去に学校や地域でシビック・アクションをどの程度経験してきたかという経験度である。**図４－10**は、これまでのシビック・アクションの経験度と、今回のアンケート調査で尋ねた「再生可能エネルギー・システムを地域導入する活動への参加意欲」との関係を示したものである。

ここで尋ねている「これまでのシビック・アクションの経験度」とは、環境分野に限らず、地域での問題を解決するための話し合いの場や機会を作ったことがあるか、あるいはそうした場に参加したことがあるか、地域や社会の問題を解決するためのグループを作ったり参加したりしたことがあるか、行政や企業に意見を届ける活動をしたことがあるかといった設問への回答結果を整理したものである。**図４－10**に示したとおり、これらの行動経験が豊富な人ほど、再生可能エネルギーの導入に関するシビック・アクションへの意欲も高いことがわかる。つまり、前節で解説したようにシビック・アクションに関する知識を獲得する学習機会も重要だが、それだけではなく、実際に何かしらのシビック・アクションを経験することによって、さらにシビック・アクションへの意欲を高めることができると考えられるのである。シビック・アクションを実践してみることによって、自分が関わることだという責任帰属認知

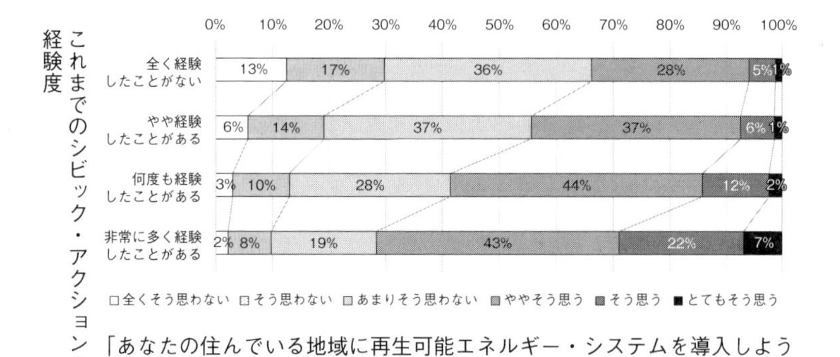

図４－10　これまでのシビック･アクションの経験度と再生可能エネルギー･システムを導入する地域活動への参加意欲との関係（n＝12,136）

も併せて高まることは容易に想像できる。

しかし、ここで１つ重要な留意点がある。経験したアクションへの満足度である。筆者が実施した調査では、過去に何らかのシビック・アクションを経験したと回答した人に、そのアクションに対する満足度を尋ねたのだが、この結果が思いのほか悪いのである。過去の実践したアクションに対して「全く満足していない」「満足していない」と回答したのは全体の36％であり、この過去のアクションに対する満足度が、将来のアクションに対する意欲にも大きく影響をおよぼしているのである（**図４－11**）。

再生可能エネルギーに関するシビック・アクションへの参加意欲について、「とてもそう思う」を６点～「全くそう思わない」を１点としてスコア化したところ、過去のアクションに全く満足していないグループの平均値は2.94であり、シビック・アクションを全く経験したことがないグループの平均値2.98よりもさらに低くなった。したがって、シビック・アクションを経験すればよいというわけではなく、実践してみたシビック・アクションに十分な達成感や満足感が得られなければ、将

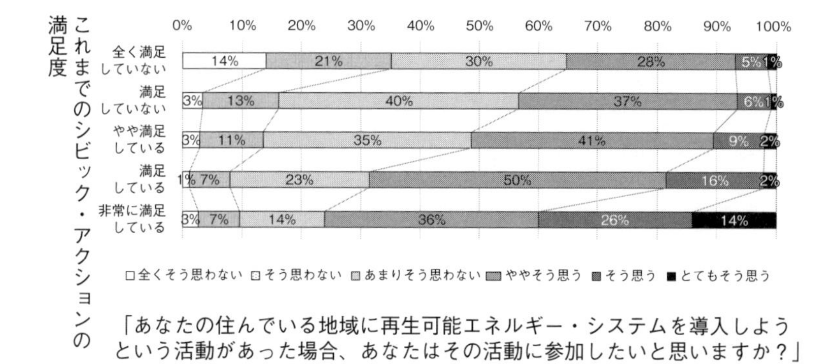

図4－11　これまでのシビック・アクションへの満足度と再生可能エネルギー・システムを導入する地域活動への参加意欲との関係（n＝12,136）

来のアクションに対する意欲はかえって下がってしまうと考えられる。

③同じ関心を持つ仲間やコミュニティの存在

今の日本の社会では、残念なことに社会課題や環境問題に対してシビック・アクションを実践している人は少数派である。何かのアクションに挑戦してみようと思っても、周囲からどのような目でみられるのか気になる人も多いだろう。実際に環境問題に取り組む人に対して「意識高い系だ」と揶揄する声も聞かれる。このように、必ずしも率先してアクションを起こしやすくはない状況のなかで、なぜアクションを実践することができたのか、筆者はシビック・アクションを実践している若者へのインタビュー調査で聞いてみた。すると多くの若者は、環境問題に対して自分と同じように関心が高い人が集まるコミュニティやグループを見つけたことがアクションの実践につながったと回答した。これらのコミュニティは、家庭や学校といった普段のコミュニティとは別である場合が多く、環境問題について気兼ねすることなく仲間と意見を交わせる場として機能していることがわかった。一方で、特別なコミュニティを見つけなくともアクションを実践できている若者もいた。彼らの場合、社会課題に取り組む生徒を学校が積極的に応援していたため、あえて別のコミュニティを見つける必要がなかったようである。こうした学校に通っている若者の一人は、「あの学校では、何の社会課題にも関心を持っていないような人は、むしろ格好悪かった」と答えており、学校全体がシビック・アクションを推奨している環境であることが伺えた。

自由に意見を交わし合えるコミュニティを得ることは、アクション実践へのハードルが下がるだけでなく、先んじてアクションを実践している先輩や外国の仲間を見ることによって、強い刺激も受けるようである。インタビュー調査に協力してくれた多くの若者は、自分より先にアクションを実践している先人、特に自分と同じ若い世代のアクションを見たことが、自分もアクションを実践するトリガーになったと回答していた。社会課題や環境問題について、誰もが物怖じすることなく意見を表明できる場を創出するということは、シビック・アクションを後押しするうえで非常に重要な要素だと言える。

④社会課題に対する興味関心

筆者が実施したアンケート調査分析では、環境問題に対する関心の高さがシビック・アクションの実践意欲に最も強い影響を及ぼしていた。ここで言う“関心の高さ”とは、環境問題について身近な人と話したり、自分で情報を収集したりすることを示している。これと同じ結果はインタビュー調査からも得られており、シビック・アクションを実践しているほとんどの若者は、アクションの実践前から社会課題や環境問題について高い興味関心や問題意識を持っていた。

小中高等学校の学校教育では、必ず何かしらの授業や学校活動で環境問題を学ぶ機会があるはずである。こうした学習機会を活かして環境問題への関心を高めることは、学習そのものへの意欲を向上させるだけでなく、学習後のアクションの実践意欲にも関係することが示唆されているのである。どのような学習をすれば、生徒の興味関心を高めることができるのか。答えは1つではないと思うが、重要なことは「やらされ感」のある活動ではなく、生徒自身がオーナーシップを持って考え、取り組むことだろう。また最初からたどり着く答えが用意されているような授業ではなく、視点や立場によって答えが変わる「深い問い」を掲げた、生徒の探求心を刺激するような授業が理想的だと考えられる。

（4）シビック・アクションを促進する教育の要件

筆者を代表とする研究チームでは、学習者のシビック・アクションを促進しうる具体的な教育プログラムを設計し、2022年夏から協力校での試行を始めている。ここで試行している教育プログラムは、前節（３）で解説した調査結果を踏まえて、以下のような要件を満たすこととしている。

【要件１】個人でのアクションから他者協働のアクションまで、保守思考のアクションから変革思考のアクションまで、問題解決に向けたシビック・アクションを幅広く認識できるようになるプログラム。
【要件２】幅広いシビック・アクションの中から問題解決に効果的な、かつ自分達に実行可能なアクションを戦略的に選択できるようになるプログラム。
【要件３】学習者が強いオーナーシップを持ち、シビック・アクションに対するモチベーションを向上させることができるプログラム。
【要件４】成功、失敗を問わず、実践してみたシビック・アクションを丁寧に検証・フォローし、次のアクションにつなげることができるプログラム。

要件１は、環境問題に対して実践できる幅広い行動の知識を獲得することを意味している。ただし、学習者の発達段階や学習段階によっては、シビック・アクションを含むすべての行動がすぐに実践できるとは限らない。そこで、幅広い行動の中から今の自分に実行可能で、かつ効果の高い行動を選び取ることも重要と考えた（要件２）。要件３については、学習者に学習や活動の主導権を持たせることで、シビック・アクションに対する責任帰属認知を向上させることや、将来のアクションに対する意欲を醸成することを期待している。要件4は、「たとえアクションを経験しても、満足感が得られなければ将来のアクションへの意欲が損なわれる。」というアンケート分析結果を踏まえて取り入れた。学校という、失敗しても周囲が丁寧にフォローできる場で最初のアクションに挑戦し、自分のアクションのどこが良かったのか、何を改善すれば次にはもっと上手くできるのかをしっかりと振り返ることが重要だと考えた。

これらの要件を取り入れた、研究で試行する教育プログラムの骨子を**図4－12**に示す。

この教育プログラムでは、いきなり特定課題の調査やアクションの検討に取り組むのではなく、最初に幅広いアクションに関する知識を身に着けるとともに、実際にアクションを実践している若者の話を聞くことで「自分にもできそう」「おもしろそう」という意欲を高める学習を取り入れている。また、アクションの実践そのものよりも、関係者と意見交換しながら取り組む課題について深く知ることや、どんなアクションが効果的なのかを検討することに多くの時間を割くよう設計している。さらに挑戦したアクションの意味を見出すために、アクション実践後の振り返りにも十分な時間を設けることにした。

この原稿を執筆している2022年夏の段階では、**図4－12**のうち最初の「アクションの知識と意欲の醸成」のフェーズのみ、2つの中学校での試行が完了している。2022年度から数年かけて**図4－12**に示す全プログラムを試行する予定である。

（5）今後に向けて

本節では、地域社会のトランジションに欠かせないシビック・アクションに着目し、シビック・アクションを促進しうるZ世代向けの教

アクションの知識と意欲の醸成（2～4コマ）

目標：問題解決に向けた幅広いアクションの種類を認識し、シビック・アクションへの興味や意欲を高める。

1.講義をとおして、問題解決に向けた幅広いアクションに関する知識を得る。
2.シビック・アクション実践者による講演をとおして、アクションへの興味や意欲を高める

アクションの検討（6～16コマ）

目標：社会問題を詳しく知るための方法を理解するとともに、他者と協働して実行可能かつ効果の高いアクションを考え、企画するスキルを身に着ける。

1.自分達が取り組む課題とグループを決める。
2.関係者へのインタビュー調査等を実施し、取り組む課題について深い知識を得る。
3.実践するアクションと到達目標を決める。

アクションの実践（4～8コマ）

目標：実際にアクションしてみることで、その楽しさや苦労を経験する。

アクションの振り返り（3～5コマ）

目標：実践したアクションによる効果や課題を認識し、今後のアクションに向けた意欲を高める。

1.個人や活動グループで実践したアクションを振り返る。
2.活動を発表し、他グループ、教員、専門家、外部の関係団体等からフィードバックを得る。

図4－12　研究で試行する教育プログラムの骨子

育プログラムについて、最新の研究成果を解説した。これまでの研究によって、シビック・アクションに強い影響をおよぼす要因や、アクションの実践に至るまでの具体的なプロセスおよびトリガーが明らかになってきた。さらにこれらの研究成果を踏まえ、どのような要件を満たした教育プログラムが学習者のシビック・アクションを促進しうるのかも見えてきたところである。しかしながら、本当に学校教育の中でこの教育プログラムが効果的に実践できるのか、学習者のアクションを後押しす

ることができるのかなどについては、現在進めている学校現場でのプログラム試行を完了させ、効果を検証してみなければ未だ分からない。今後の研究報告にご期待いただきたい。

謝辞

科研費 20H04396 の助成を受けて実施。

【参 考 文 献】

OECD（2018）The future of education and skills, Education 2030

Frantzeskaki, N., Bach, M., Holscher, K., and Avelino, F.,（2015）"Urban Transition Management, A reader on the theory and application of transition management in cities" DRIFT, Erasmus University.

Geels, F.W., McMeekin, A., Mylan, J., Southerton, D.（2015）"A critical appraisal of Sustainable Consumption and Production research: The reformist, revolutionary and reconfiguration positions" *Global Environmental Change* 34.

佐藤真久、高岡由紀子（2014）「ライフスタイルの選択・転換に関する理論的考察－多様なライフスタイルのシナリオ選択を可能とする分析枠組の構築－」『日本環境教育学会関東支部年報』8

Mori, T. and Tasaki, T.（2019）"Factors influencing pro-environmental collaborative collective behaviors toward sustainability transition - A case of renewable energy" *Environmental Education Research*, 25(4).

森朋子、松浦正浩、田崎智宏（2022）『サステナビリティ・トランジションと人づくり　～人と社会の連環がもたらす持続可能な社会～』筑波書房

◇4－4　内発的動機づけと次世代の参画によるローカルSDGs

水上聡子

本節では、福井県坂井市のまちづくりを紹介しながら、トランジションの可能性を住民主体による課題解決型まちづくりの現場から捉え、そのために必要な住民の内発的動機づけ、次世代とともに歩んでいく大切さや方法、評価指標を用いた成果分析の重要性などを論じ、ローカルSDGsの実践のあり方を考察する。

（1）なぜ住民主体か？　なぜ内発的動機づけか？

①福井県坂井市大関地区のまちづくり

5年前、福井県坂井市大関地区のT氏にまちの郵便局でばったり出会った。「まちづくりのことをいろいろ考えているのだけど、地域の人達が話し合う場をつくりたい。子どもたちも参加してほしい。昔、一緒に取り組んだワークショップみたいな、あんな場がいいと思うのだけど・・・」とのこと。昔というのは、20年ほど前に社会福祉協議会が地域福祉活動計画をつくるために地域の大人や小学生が何度かワークショップをした時のこと。この郵便局での出会いをきっかけに、大関地区の「助け合いのまちづくりプランワークショップ」は、実現に向けて進んで行った。

②住民主体の地域力、課題解決力

筆者は、開発社会学を専攻し、地域計画のコンサルタント会社で研究職に就いた。当時、様々な自治体の計画策定業務に従事したが、行政がいくら立派な計画を作文しても、市民主体、住民主体の意識醸成や参画機会がなければ、まちづくりは机上に終わると感じていた。「持続可能な地域社会に向けてのトランジション」の構築のためには、こうした市民主体、住民主体の土壌が不可欠であり、「住民主体の地域力」と称して論を進めたい。

住民主体の地域力の脆弱化、衰退は、少子高齢化、人口減少、産業構造の変化、ライフスタイルの多様化、その他多様な要因により進んできたが、昨今、地域福祉、地域防災をはじめ、地域を舞台とした様々な課題が山積するようになり、レジリエンスという概念も注目されている。とくに、昨今の気候変動による自然災害の頻発化、甚大化の対策には、このレジリエンスが不可欠である。こうした多くの現代的課題に立ち向かう力を「課題解決力」とし、「持続可能な地域社会へのトランジション」を目指して話題を展開する。

③主体性を引き出す内発的動機づけ

「主体性」を引き出すには、「内発的動機づけ」が重要である。外発的な要因に左右されて動く行為の限界を考えれば、泉が自然の力で地中から湧き出てくるように、内面から湧き上がる力（＝内発的に動機づけられた力）がいかに重要であるかがわかる。本論では、この「内発的動機づけ」を「次世代の参画」の取組みを通して中心軸にすえる。持続可能な地域社会へのトランジションには、未来を生きる次世代の存在が不可欠であり、次世代が内発的に動機づけられる参画の場をどのように目指したのか、その物語をお伝えしたい。

（2）地域に根差し、次世代が担い手として育つまちづくり

①子どもたちも参画するワークショップ

郵便局で再会したＴ氏を中心に、坂井市大関地区では、まちづくり協議会、コミュニティセンターが中心となり、「大関助け合いのまちづくりプラン」に向けてワークショップの準備がスタートした。福祉、健康、防災、防犯、教育、交通安全など地域には様々な団体が活動しており、まちづくり協議会メンバーに限らず皆が集まることのできる場、そして、大関小学校の子どもたちも一緒に参画できるワークショップにしようと話し合いが進められた。

当初問題になったのは、地域の複雑な問題を話し合う際に子どもたちがいると十分な議論ができないのではないか、何のために子どもたちを入れる必要があるのか、という点であった。この意識は、ワークショップの本番でも噴出し、グループワークの中で「こんなことして意味があるのか？」という発言が子どもの前で出された。しかしながら、「でも私は楽しい」と子どもの口から出た言葉で、その場の空気が変化したと終了後に聞いた。

2018年2月、豪雪の合間に奇跡的に開催された第1回ワークショップには大人33名が集まり、第2回（7月）、第3回（11月）ワークショップでは、延べ大人76名子ども41名のにぎやかな場となった。子どもたちが参加する際には、「子どもの権利条約」を紹介し、子どもたちには、知る権利、集まって話し合う権利、自分の考えを言う権利、自分で決める権利があることを強調した。子どもチームでは、司会進行も記録も発表も子どもたちが担い、大人がそこに参加するというスタイルをとった。この時の子どものふりかえりシートには、次のような感想が記されている。「最初はとても緊張したし、言うのもはずかしかったけど、大人の人がサポートしてくれたので、とても話しやすかったです」「子どもが失敗しようとも、大人がサポートしてくれるのだと安心しました」「うれしかったことがあります。それは、大関の子はすごいと言ってもらったことです」。そして、大人のふりかえりには、子どもたちのがんばりに大いに勇気づけられ、感動した様子が多く綴られていた。

②大人と子どもが一緒になった取組み

完成した「大関助け合いのまちづくりプラン」は、大人と子どもが一緒に取り組めそうなわかりやすい計画となり、全戸配布され、住民誰もが「これやりたい！」と手をあげて仲間を集め、活動できる仕組みが誕生した。活動資金は、坂井市が各地区まちづくり協議会を支援する「まちづくり交付金」である。そして、大関小学校で取り組んだ「あいさつ通りをつくろう！」「クリーンキャンペーンを充実しよう！」、区長さんの行動力で実現した「道路の改善を関係機関に提言」、坂井市まちづくりカレッジ修了生が中心に実現した親子防災教育「学校 de キャンプ！」など様々な活動が実現することとなる。

こうして3年後に迎えた「大関助け合いのまちづくりプラン」の改定。再びワークショップが開催され、大人と子どもが一緒に話し合った(**図４－４**)。第一次プラン策定当初は、第二次まで続くのか誰も予想できなかったので、その完成は感慨深いものとなり、より一層の想いが集まった。子どもと大人が一緒に取り組む「ごみ探検ワークショップ」、大関コミュニティセンターに「手づくりのカフェコーナー」をつくるプロジェクト、みんなの居場所を目指す「子ども食堂」、小学校の畑を地域の農家の方と耕す「子ども農園」、その野菜を販売する「大関えがお朝市」など、次々と実現している。子どもたちは、お客さんではなく担い手として主体的に取り組む。この風土は、坂井市長が市内全地区で行った座談会にも発展し、子ども代表2名が堂々と意見を述べた。手づくりのカフェは、すっかり地域の大人や子どもたちの居場所になり、「ゆめのおおこく。ここのこどもになりたい」とメッセージが届いた。

写真４－４　大関地区「助け合いのまちづくりワークショップ」

（3）他地区への波及、そして市のまちづくり政策の大転換へ

①大関地区の取組みの他地区への波及

大関地区での取組みは、他の地区にも波及し、市のまちづくり政策の方針とも相まって大きな流れになっていった。坂井木部地区では、住民ワークショップをしたいというかねてからの想いが実り、地域の大人とともに中高生、大学生など若者たちの参加を得て、和やかな話し合いの場が実現した。若者がマイクを持って発表する姿に、次世代が成長する姿に大人たちが感動した様子をふりかえりから読み取ることができた。

続いて、高椋東部地区にも波及した。まちづくり協議会会員を中心に、なぜ住民主体なのか、内発的に動機づけられるとはどういうことかについて2回のワークショップを開催した後、対象を住民全体に広げ、計5回のワークショップを開催することになった。各グループに入った高校生が活躍し、ここでも大人たちの称賛、感動につながるエピソードが多数生まれた。最終回に取り組んだ「たかとりの郷新聞づくり」では、バックキャスティング方式を取り入れ、6つの分野に分かれて3年後のリアルな地域像を描くワークを行った。地域住民が様々な形で登場し、地域を舞台にいきいきと活動する様子が見事に描き出された。明章小学校の児童と地域の大人が一緒になった防災訓練、山から材料を採取するところから始まる郷土料理「葉っぱずし」づくり、次世代に何を伝えていくのかを考える「未来図を描こうワークショップ」などに発展している。この未来図ワークショップでは、高校生（明章小の卒業生）がグループファシリテーターに入り、子どもたちと一緒に活動した（**写真4－5**）。

②坂井市のまちづくり政策の方針転換

これらの地域活動と時を同じくして、坂井市のまちづくり政策は大きな方針転換を行っていた。従来、地域では単発イベント型が主流であったが、持続可能な地域社会づくりに向けて継続的に取り組む「課題解決型まちづくり」への大転換である。「住民主体の地域力」を目指すもの

写真４－５　高椋東部地区「まちづくりワークショップ」と「未来図ワークショップ」

に他ならない。これは、近年の気候変動による災害の多発化をはじめ、様々な地域課題に向き合っていくうえで不可欠な方法論であり、トランジションの動きに直結するものと考えられる。市まちづくり推進課（現・市民協働課）では、市内23地区のまちづくり協議会とコミュニティセンターに方針転換を説明し、課題解決型のまちづくりを力強く応援している。

一方、10回シリーズの参加型学習を通してまちづくりの人材を育てる「坂井市まちづくりカレッジ」は6期目を迎えたが、これまでの方法を抜本的に見直し、地域課題をいかに見つけ、どのように解決の道筋を模索していくかに焦点をあてた内容に方向転換した。同カレッジには、市内各地のまちづくり協議会、コミュニティセンター、PTA、市議会議員、一般市民とともに、地元高校の探求コース等の生徒たちも多数参加している。

（4）トランジション成功の土台となるローカルSDGs

①坂井市の取組みにおける内発的動機づけの工夫

このように進んできた坂井市の様々な活動が、トランジションの可能性を秘めているのはなぜかについて、①内発的動機づけ、②フロントランナー、ファシリテーターの存在、③評価指標を用いた成果分析の順で考察する。

まず、内発的動機づけとは、外部要因によって動く外発的動機づけと対極にある概念である。住民主体のまちづくりは、損得勘定や人から言われて仕方なくといった消極的な動機では難しく、社会の一員として力を発揮したいと思う意志（自律性）、力を発揮することで得られる自己有能感や自己有用感（有能性）、ともに歩む人達と多様な立場を尊重しながら協力し合える人間関係（関係性）という３つの要素が不可欠である。アメリカの心理学者デシ＆ライアンによる「自己決定理論」からわかるように、これら３つの要素は生得的な欲求で、３つが同時に満たされることで人は意欲的になる。

ワークショッププログラムでは、この３要素の成長を促す工夫を施してきた。そして、とくに重要であるのは、自分たちが提案したことが実現することで得られる達成感である。達成感は自己有能感、自己有用感につながり、内発的動機づけに結びつく。

②フロントランナーの存在と育成

大関地区では、最初の発案者となったＴ氏がフロントランナーであったが、その後、コミュニティセンターが大きなリーダーシップを発揮することになった。地域の子どもたちと大人が主役となる活動を次々と主導しながら今日に至っている。

一方、先述した通り、市のまちづくり政策の先頭を走るまちづくり推進課が強いリーダーシップを発揮した。こうして地域と市政の両輪があったからこそ、トランジションに向かう勢いが育まれたといえる。

そして、まちづくりカレッジでは、各地区のフロントランナーが育つよう内発的動機づけと地域の課題解決に光を当て続けてきた。

③ファシリテーターの存在と活躍

トランジションに不可欠な対話の場、参加型学習の場において、ファシリテーションの意義は大きい。筆者は全体のファシリテーターを務めてきたが、各グループにも一人ずつファシリテーターが入ることで、安心して対話できるような空気をつくり、参加者の内発的動機づけを目指した。具体的には、参加者一人ひとりが自信を持って発言できるように共感や受容を用いて支援するとともに、互いの意見を尊重し、異なる意見から学び合えるような雰囲気を作っていった。また、ゴールを見失いがちな議論に道筋をつけるとともに、多様な意見を体系立てて整理し、より大きな成果を見出すなど多岐の役割を果たしている。これらは、筆者の研究によるファシリテーションスキルを伝授しながら進行している。

④評価指標を用いた成果分析

評価指標を用いた成果分析の目的は、対話や学習の場を主催者の自己満足で終わらせないために、参加者がどのように変化していったのかを丁寧に観察することである。ユネスコが提示した「8つの持続可能性キー・コンピテンシー」と内発的動機づけ3要素を用いて分析した。8つのキー・コンピテンシーには、システム思考、戦略的、自己認識、統合的問題解決、批判的思考、予測、規範的、協働的があり、「資質・能力」を捉えようとするもので、事前と事後でどのように変化したかをセルフチェック（自己評価）で記入してもらった。また、内発的動機づけ3要素の変化を観察し、成長の特徴や課題を見極めた。

その結果、8つのコンピテンシー全てが成長するとともに、課題解決型地域づくりに不可欠な戦略的コンピテンシー、統合的問題解決コンピテンシーがとくに成長し、バランスのとれた美しいレーダーチャートが完成した（**図4－12**）。この2つのコンピテンシーは、第1回カレッジの際にとくに低位にあった資質・能力である。これらの力が伸びたことの意義は大きい。

内発的動機づけについては、有能性・自律性・関係性という人間が生得的に持っている3つの欲求要素が同時に満たされることで人は内発的に動機づけられ意欲的になるという理論をもとに、これら3欲求要素の充足具合を見ることで分析した。8つのコンピテンシーをこの3要素に分類し、その成長具合を見た結果、いずれも成長し、とくにカレッジの

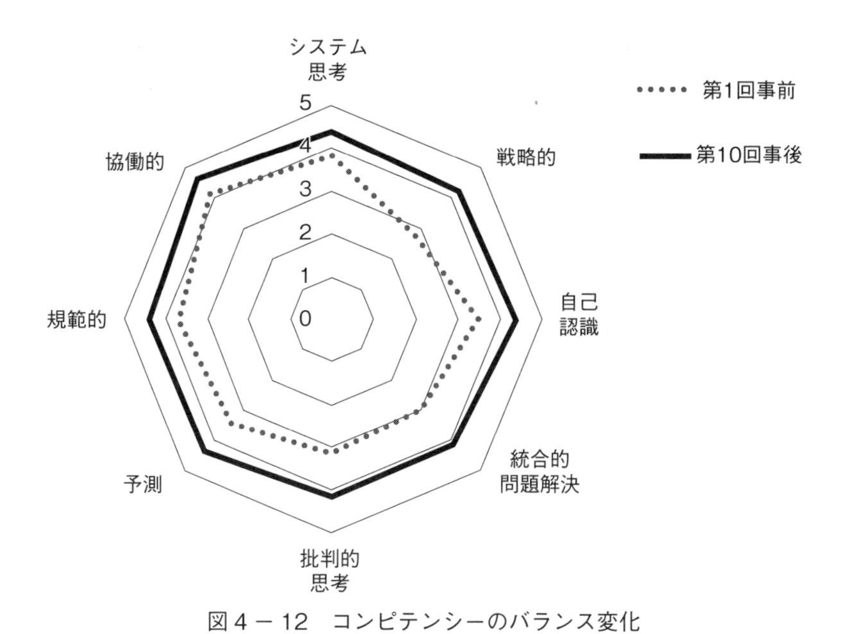

図4－12　コンピテンシーのバランス変化

スタート時点で低位にあった有能性・自律性が伸びたことで関係性との差を縮めながら、3要素が同時に充足し、内発的に動機づけられたと考えられた。なお、これらセルフチェックシートによる分析は各回全てにおいて実施し、次回へとつなげていった。

⑤ローカル SDGs の実践に向けて

以上が、5年間で取り組んできた持続可能な社会のためのトランジションに向かう歩みである。何を転換させたいのか、どのように転換できるのか、常にその方法論を探求し、謙虚に歩んでいくことの重要性を実感する。坂井市のまちづくりの大転換は、2023年2月5日に開催された第10回まちづくりカレッジ（最終回）で大きな成果を見出した。カレッジ受講生が市内8地区のチームに分かれてまとめあげたアクションプランは、ホールに参集した200名を超える聴衆に向けて届けられ、課題解決型まちづくりの重要性と具体的イメージ、そしてその作成に至

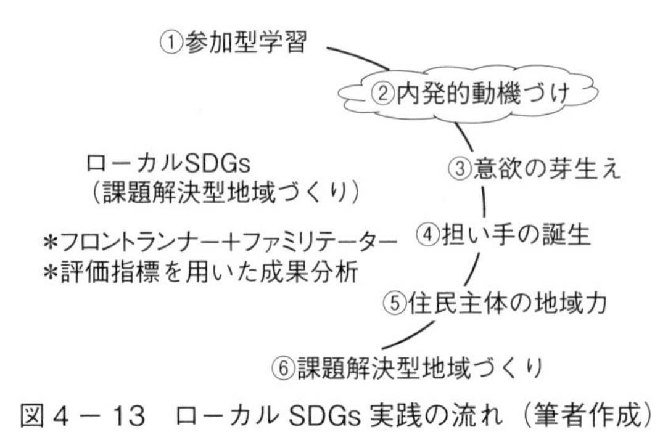

図４－13　ローカル SDGs 実践の流れ（筆者作成）

るプロセスを伝えることができた。発表者の自信と達成感に満ちた表情が関係者の心に深く刻まれた。高校生 10 名を含む 40 数名のフロントランナーがこのような形で誕生したことは、市にとっても大切な財産となるであろう。その原点に存在するのは、住民主体の地域力と地域に根差した課題解決力を目指す「ローカル SDGs」の実践である（**図４－13**）。SDGs をイメージや言葉だけで先行させるのではなく、自分たちが生きる地域の課題解決を目標として掲げ実践していくことが重要である。具体的な課題の洗い出しからビジョンづくり、そしてアクションプランの作成をワークショップ形式で積み上げ、成果を導き出したこの物語は、トランジションに向けて本論の到達したゴールと考える。

【参 考 文 献】

水上聡子・高橋敬子（2021）「福井県版「気候変動ミステリー」を用いた教育プログラムの可能性－シティズンシップ教育における内発的動機づけとコンピテンシーの視点から－」『環境教育』、日本環境教育学会
水上聡子・井口豊（2023）「福井県版気候変動教育「ジグソー法を用いた課題解決ワークショップ」の可能性― シティズンシップの視点から ―」『環境教育』、日本環境教育学会

◇ 4－5　トランジション・マネジメントの課題と解消方策

松浦正浩

明らかに必要なトランジションはできるだけ早く、効率的に、そして公正に行ったほうがよい。本節ではトランジション加速の方法論として、トランジション・マネジメントを実践事例とともに紹介する。またトランジションを阻害する要因と、それらをトランジション・マネジメントでいかに克服できるかを検討する。

（1）トランジション・マネジメントのプロセス

トランジションを加速させる方法論が「トランジション・マネジメント」である。トランジション・マネジメント実践の歴史は意外と長く、2001年のオランダの環境基本計画策定が最初の事例だといわれる。同計画では、2030年に持続可能になっているオランダのエネルギー供給、モビリティ、生態系、農業などを想定したうえで、そこからの逆算（バックキャスティング）でトランジションの必要性を掲げている（VROM. 2001）。その後、研究と実践が進み、現在ではオランダ・トランジション研究所（DRIFT）やそのおひざ元のロッテルダム市を中心に、実践が積極的に進められている。

トランジション・マネジメントの具体的な手順であるが、まずは現状分析から始まる（Frantzeskaki et al. 2015）。対象とする地域や課題についてそのシステムを調査し、超長期の脆弱性や未来を先取りしている人々（フロントランナー）などを特定する。現状分析は、トランジション・マネジメントの実施主体（行政や研究者など）である「トランジション・チーム」が文献調査や聞き取り調査を行い、課題を整理する。

次に、主にフロントランナーを集めた「トランジション・アリーナ」と呼ばれるワークショップ会合を数回、開催する。フロントランナーとは、持続可能な未来には当たり前となるであろう「ニッチ」を先行して実施している活動家、イノベーターなどを指す。対話を通じ、数十年後に持続可能な未来の姿を描いたうえで、その姿からの逆算で、トランジションの加速が必要な重点課題を特定する。またこの作業を通じて、事前に特定できていなかったフロントランナーをアリーナへと巻き込んでいく。

そして最後に、「トランジション実験」がさまざまな現場で行われる。これは、持続可能な未来の姿を、小規模でもよいので、現実の都市のなかで多くの人々に実際に見せつけることで、人々の行動変容を促し、持続可能な行動の拡大波及を図る。

実は、未来から逆算するバックキャスティングの先行事例は、国内にもすでに存在する。たとえば総務省の第32次地方制度調査会も「2040年頃から逆算」したという答申を出している（地方制度調査会 2020）。しかし、バックキャスティングで検討した報告書を出すだけではトランジション・マネジメントではない。トランジション実験を通じ、社会のトランジションを加速させて初めて、トランジション・マネジメントなのである。ここで国内外のトランジション・マネジメントの事例を見てみよう。

（2）国内外のトランジション・マネジメントの事例

①ロッテルダムのモビリティ

ロッテルダム市は、2015年にモビリティ（交通）の5カ年計画を策定するにあたり、担当となった市職員が過去にトランジション・マネジメントの会合に参加した経験があったことから、同計画の策定にトランジション・マネジメントの概念を導入することとした。具体的には、少数の市職員とDRIFTの研究者がトランジション・チームを構成し、現状分析を行った。その後、16名のフロントランナーが参加したトランジション・アリーナ（**写真4－6**）が開催され、ロッテルダムの持続可能な未来のモビリティについて検討し、その結果は2016年に市が公表した「新しい道を選ぶ」という報告書にまとめられた（Gemeente Rotterdam. 2016）。報告書では、人間中心・つながるモビリティを未来像に掲げ、7つのトランジション実験が提案されている。そのうちいくつかは市や民間団体により実行に移され、移民の多い貧困地区における自転車教育や、沿道の路上駐車スペースをパークレット（小公園）やフィッツフロンダー（自転車駐輪スペース）に転換する試みが進められている。

また2019年には、ロッテルダム市内の100の企業・組織が締結する「気候宣言」の策定に先立ち、3月から12月にかけて150名以上が参加する、モビリティをテーマにしたトランジション・アリーナが改めて開催され、特にシェアリング推進の必要性が明確にされた（Energyswitch. 2019）。その成果は、2020年のロッテルダム市のモビリティ計画に取り入れられだけでなく、コロナ禍により、世界中の都市が持続可能なモビリティ・道路空間の再定義を模索するなか、新型のカー

写真４－６　ロッテルダムのトランジション・アリーナ
出典）報告書「新しい道を選ぶ」より

シェアリングの導入など、マイカー依存脱却に向けたトランジション実験を市が躊躇なく積極的に進められている。

②浦和美園のまちづくり

筆者自身も2017年から、さいたま市の浦和美園駅周辺地区でトランジション・マネジメントを実践している。この地区は最近開発されたニュータウンで、最近の郊外移住ブームの後押しもあり、子育て世帯の転入で活況を呈している。しかし、転入する年齢層の偏りは、数十年後に急激な高齢化をもたらすことは、昭和時代に開発されたニュータウンで明らかになっている。また、マイカー依存度の高いライフスタイル、都内への通勤者の多さと昼間人口の少なさなど、長期的に、持続可能性のリスクが危惧される。

そこで、まちづくり拠点のアーバンデザインセンターみそのと連携し、地域のフロントランナーを集めて、トランジション・マネジメントのワークショップを実施してきた。2017年の会合では、「農業と一体となってまちづくりを進めよう」「埼玉都民ではない美園での働き方を実践しよう」など、具体的な活動の方向性が特定された（松浦 2020）。

その後、ワークショップの結論の流れに沿うような形で、持続可能な未来を先取りするトランジション実験と呼べる事業（地元農産物の活用やクラウドファンディング）が複数、地区内で自然発生している。また、筆者も2021年から、「Misono2050プロジェクト」を立ち上げ、一般住民向けに、地区内に存在するゼロエネルギー住宅（ZEH）街区の視察会を開催するなど、持続可能性の高い取組みを一般住民に展開する実践を進めるとともに、これらのトランジション実験による住民の行動・態度変容の効果を計測している。

（3）入れ替えることがトランジションのねらい

トランジションとは、何かから、何かへと置き換わること、つまり転換を意味する。ちなみに海外旅行で飛行機を乗り換えることをトランジットと言うが、全く同じ語源である。

イノベーションというときには、新しい方法論や技術を普及させることが念頭に置かれているが、トランジションというときには、普及に加えて、既に存在する方法論や技術を置き換えることも強く意識される。イノベーションの普及では、トランジションの1つの側面しか見ていないことになる。

たとえば、化石燃料を前提にした社会システムをやめて、非化石燃料を前提にした社会システムを導入することもトランジションである。前者は「脱炭素」であり、後者は再生可能エネルギーなどイノベーションの普及であるが、これら2つの側面を同時に考えることこそ、トランジションのキモである。どちらか片方だけ見ていても、それはトランジションとは言えない。

最近、トランジション・マネジメントのワークショップでは、X字カーブ（**図4－14**）が用いられる。右上に伸びるS字カーブ（イノベーションの普及）だけでなく、これまでの方法論や技術をいかに衰退させて、イノベーションによって迅速に置き換えていくかを同時に考えることが意図されている。

そう考えると、スマートフォンの普及も、従来のガラケーを置き換えたのだから、イノベーションではなくトランジションなのだと呼べるかもしれない。しかし、ガラケーが社会にとって害があるから、それを衰退させるためにスマートフォンが登場したわけではない。スマートフォンの方が多くの人にとって便利だったから、ガラケーが自然淘汰されただけである。

脱炭素も同様に、イノベーションとしての再生可能エネルギーの普及などによって、化石燃料を自然淘汰させればよいではないか、と考える人もいるかもしれない。トランジション・マネジメントの「古いシステムを衰退させる」というネガティブな視点に対して、心理的な抵抗がある人もいるかもしれない。

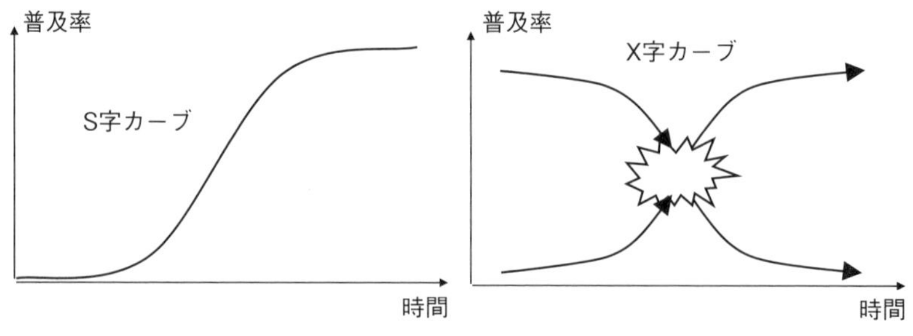

図４－14　Ｓ字カーブとＸ字カーブ

しかし、トランジション・マネジメントを必要とする社会課題は、イノベーションによる自然淘汰を短時間で期待できない。それはなぜか？

（4）なぜトランジションは難しいのか

①ロックイン効果

トランジションの必要性は多くの人が理解していても、トランジション・マネジメントによる介入がなければ、実際にはなかなか進まないことがある。その一つの理由に、「ロックイン効果」が挙げられる。技術を入れ替えた方がよいことがわかっていても、それを使う側の人々の慣れや、交換にかかる費用などが理由で、入れ替わりが進まない現象を指す用語だが、みなさんがパソコンで使っているQWERTYキーボードがその最たる事例である（David. 1985）。

脱炭素のために内燃機関車から電気自動車に入れ替えることが必要なのは誰もが理解するだろうが、充電インフラの不足や相対的に高価な車両価格など、市場に任せていたら、多くの消費者は内燃機関車を選び続けてしまうだろう。電気自動車への補助金など政策的な介入や、消費者の心理的障壁を取り除く広報戦略など、戦略的にトランジションを加速しなければ「ロックイン効果」を脱するのに時間を要してしまう。

②現職者（incumbent）

また、トランジション研究で現職者（incumbent）と呼ばれる、入れ替わるべき旧来の社会経済システムで権力を持つ主要ステークホルダーたちの存在も、トランジションの障壁になりうる。脱炭素を例にとれば、内燃機関の技術力が高い自動車メーカーや石炭火力などの発電技術に投資してきた電力会社は、化石燃料を前提にした社会では極めて重要なプレーヤーであるが、脱炭素になった瞬間に、それらの技術の経済的価値が暴落してしまう。脱炭素は長期的には不可避だとしても、これまでのR&D投資を少しでも回収し、座礁資産化するのを防ぐため、脱炭素というトランジションを遅らせようとする動機づけが、これらの企業には存在する。

トランジションを意図的に加速させるためには、残念ながら、利害の対立は不可避である。社会の中で対立を回避していると、トランジションはずるずると先延ばしになり、もう手のつけようのないほどひどい状況に至って始めて、パニックに陥ることになる。

③ロッテルダムのフィッツフロンダー

ここで1つの具体事例を見てみよう。オランダのロッテルダム市は、トランジションの概念を環境政策に積極的に採用している。オランダは自転車利用で有名であるが、ロッテルダム市だけは二次大戦の空襲の影響で、マイカー依存度の高いまちである。そこで、マイカーに依存しない、持続可能な移動手段に向けたトランジションを図る1つの手段として、フィッツフロンダーを採用した。

フィッツフロンダーは、4畳程度の大きさの土台の上に鉄の柵を設置したもので、自転車の駐輪スペースとして機能する（**写真4－8**）。ロッテルダム市ではこれらを多数、従来の駐車スペースに設置し始めている。自転車利用を便利にするイノベーションと言えるかもしれないが、同時に、駐車スペースを奪うことで、自動車利用を不便にする。当然、駐車スペースを奪われた自動車利用者は、不満を抱く。そして対立も起きる。

このように、トランジションというときには、新しい仕組みを導入す

写真４－８　フィッツフロンダー

るだけでなく、古い仕組みを衰退させることを意識し、それに伴うあつれきも受け止める必要がある。駐車スペースが減って迷惑を蒙る人がいるからといって、何もしないようでは、トランジションは始まらない。むしろ、持続可能でない交通手段を利用している人々こそが迷惑なのであり、その人たちの行動を改めさせようというくらいの気概がトランジション・マネジメントのフロントランナーには必要である。

また、フィッツフロンダーを導入する目的は、市内の移動手段のトランジションであり、フィッツフロンダーはその手段の１つでしかない。トランジションにおいては、イノベーションは目的ではなく、手段として利用されるのである。

（5）トランジションの加速

社会が生き残るためには、トランジションはいつか必ず起きる。しかし、社会の持続可能性を高めたければ、トランジションを意図的に加速する必要がある。気候変動、少子高齢化、グローバル経済化などの変化に受け身で対応しようとしても、変えなければならない仕組みが複雑すぎて、対応が間に合わない。また、旧来の現職者たちが保身のためにトランジションを阻害するので、対応が先延ばしにされがちである。

トランジションに対し、極端な改革を危惧する人も多い。突然、一方的に活動を禁止されたり、モノを取り上げられたりするのは、誰もが許しがたいだろう。しかし、問題を先送りにすればするほど逆に、危機に直面した時点で慌てて極端な対応を取らざるを得なくなる（Loorbach 2014）。だからこそ、そうならないよう、できるだけ早めに、穏健な方法でトランジションを加速する必要があるのである。

【参考文献】

David, P. A.（1985）"Clio and the Economics of QWERTY." *The American Economic Review*, 75(2).

Energyswitch.（2019）*Rotterdams Klimaatakkoord*. Rottterdam: Gemeente Rotterdam.

Frantzeskaki, N., Bach, M., Holscher, K., and Avelino, F.,（Eds.),（2015）*Urban Transition Management, A reader on the theory and application of transition management in cities*, Rotterdam: DRIFT, Erasmus University Rotterdam with the SUSTAIN Project.

Gemeente Rotterdam（2016）*Nieuwe wegen inslaan: Mobiliteit als katalysator voor een duurzame toekomst van Rotterdam*. Rottterdam: Gemeente Rotterdam.

Loorbach, D.（2014）*To Transition! Governance panarchy in the new transformation*. Rotterdam: Erasmus University.

VROM（Ministerie van Volkshuisvesting, Ruimtelijke Ordening en Milieubeheer）（2001）*Een wereld en een wil: werken aan duurzaamheid*. Amsterdam: VROM.

地方制度調査会（2020）「2040年頃から逆算し顕在化する諸課題に対応するために必要な地方行政体制のあり方等に関する答申」

松浦正浩（2000）「持続可能なニュータウンに向けたトランジション・マネジメント - みそのウイングシティにおける実験」ガバナンス研究（16）

松浦正浩（2023）『トランジョン：社会の「あたりまえ」を変える方法』集英社インターナショナル

◇第５章　転換後にどのような地域社会を目指すのか？◇

第５章の要点

- 人口減少が進むなか、地理的に近い所以外とのつながりが、経済的・精神的あるいは災害時のリソースを提供してくれる可能性が高まっている。つながりを考える座談会や進学・就職で地域を離れる中高校生への地域の未来を考えるワークショップなどが有効である。
- 脱炭素社会は省エネルギーや再生可能エネルギーの設備導入だけで実現するものではない。シンプルやスローな暮らし、ローカルでの賄いなども含めて、論点を定めて、異なる考え方を示しあい、深く話しあう対話のデザインが重要である。
- 脱物質社会に向けて、溢れるモノを片付ける、最小限のモノで暮らす（ミニマリスト）、共同利用ビジネス（シェアリング）などの動きがあり、モノを所有しない社会への転換の兆しがある。ただし、需要創出による環境面での負荷増大も懸念され、是々非々の検討が必要である。
- 地球環境の限界とともに、従来の資本主義による経済システムの限界も見えてきている。足場を変えるためには、バックキャスティングによる思考と、依存型と自立型の間を埋めるテクノロジーの活用が求められる。
- 新型コロナ禍により、活動が制約されるなかでも心豊かに暮らす、個々のライフスタイルが創出されてきた。自然を近くに、豊かな農と食を味わい、地域内で循環させ、健康を大切にする、そしてローカルが主役となる社会こそ、制約が教えてくれた豊かな社会である。

◇5－1　これからの地域の「つながり」のあり方

栗島英明・中村昭史

本節では、近年注目される地域における人と人の「つながり」について、その多様性と捉え方について「転換」という視点から考え、これからの「つながり」構築の方策を示す。

（1）はじめに

持続可能な地域社会の実現に向けて、人と人との「つながり」の重要性がさまざまな分野で認識されてきた。例えば、住民の健康増進や地域の安全、政治参加、環境配慮行動の実践、人々の幸福度の向上に、「つながり」が大きく影響することが明らかになってきた。また、1995年の阪神・淡路大震災や2011年の東日本大震災など、災害時やその後の復興におけるつながりの重要性が指摘されている。こうしたつながりは、「コミュニティ」や、近年では「社会関係資本（ソーシャル・キャピタル）」と呼ばれたりする。厳密に言えば、これらは全く同じ意味ではないが、本節ではこれからの地域社会おける、一般的に「つながり」や「コミュニティ」「社会関係資本」と呼ばれるものについて、「転換」という視点で考えていきたい。

（2）地域における多様な「つながり」

①地域の「つながり」や「コミュニティ」は衰退しているのか？

さて、巷では「地域のつながりやコミュニティは衰退している」という話がよく語られている。ここで語られる地域のつながりは、空間的に集中し、多重的で、密度が濃く、親族や隣人などの同質的で、強いつながりが前提となっており、それを見出せない場合に、地域のコミュニティは衰退した、とされている。また、日本国内では「人口減少や超高齢化、人口流動、職住分離といった社会の変化に伴って地縁的なつながりが希薄化し、地域の社会関係資本が衰退してきた」とも語られる。この場合も、特定の、閉じられた境界内の、アイデンティティや規範を共有する、地域共同体というものが暗黙の前提となっている。これらは、結合型の社会関係資本と呼ばれる。

しかし、実際の人々のつながりやコミュニティは、非常に多様で複雑であり、必ずしも地域共同体に収まらず、数も質も種類も多様である。これは実際の人々のつながりやコミュニティをつぶさに見れば明らかである。たとえば、仕事上のつきあい、学生時代の友人・知人、あるいはインターネットで知り合った同じ趣味の人などもつながりであり、それぞれにコミュニティを作っている。そのつながりは単一の強固な連帯というよりも、よりルースで、空間的にも分散し、枝分かれした構造を持つ。そのような構造を持ったつながりは、狭いコミュニティ内にいると得られない情報や知識・知恵、資源を手に入れることを可能とする。そして、地域や個人に対して新しい価値をもたらす可能性がある。これを橋渡し型の社会関係資本と呼ぶ。

たとえば、こんな事例がある。埼玉県某市に古くからの神社を中心とする旧集落と、新しく開発された宅地が混在する地域がある。2年前にこの地に引っ越してきたA氏やその家族は、この地域にゆかりはなく、職場も地域外にあるために地域の友人はいなかった。持ち回りのごみ当番で一緒になるお隣さんだけが、かろうじて知人といえる程度だった。彼らが引っ越してきた当時、この地域の自治会では新しく自主防災組織を立ち上げ、活動に参加してくれる人を探していた。郊外地域であるために災害時に多数の帰宅困難者が発生し、地域に残るお年寄りや子どもたち、家族と分断されることが予測されていた。近年、震災や洪水などが多発し不安に思っていたA氏だったが、仕事の都合上、組織に参加するのはなかなかかなわなかった。

ある時、A氏が働く会社で、職場のヘルメットを新調するため、古いものを処分することになった。A氏はこの話をお隣さんに伝え、自主防災組織で古いヘルメットを活用することとなった。600ほどある世帯にヘルメットを配布できるばかりでなく、立ち上げたばかりで住民への認知（特に新住民への認知）が低かったなか、自主防災組織の活動についてアピールできる絶好の機会ともなった。現在では、防災組織にお年寄りや女性の参加も積極的にみられ、旧住民・新住民を問わずに取り組む地域活動へと発展している。A氏が持つ地域外のつながりが生かされなければ、もしかしたらここまでの盛り上がりはなかったのではないだろうか。地域内の密なコミュニティのつながり以外にも、地域に効用をもたらす重要なつながりがあるという事例である。

②地域を超える家族という「つながり」

また、家族という強いつながりも必ずしも同じ地域で完結しない。

例えば、「T型集落点検」という手法を提案している徳野貞雄は、以下のように述べている。

日常の会話で「ご家族は何人ですか」と問われれば、田舎の親は「私ら年寄り夫婦二人だけです」と答え、マチの子どもは「妻と子どもの四人です」と答える。この認識は「世帯」であって「家族」ではない。実際にはマチの子どもも実家の親のことは気にかけて、日常的に行き来もしているのである。すなわち家族機能を果たしているにもかかわらず、双方とも、親と子を家族としては、はっきり認識していない。これまで行政が住民台帳などで、同居している世帯員だけを家族として把握してきたからである。（徳野・柏尾、2014）

すなわち、世帯とは同一家屋に居住している者の生活集団で、行政的に把握され、統計化できるものであり、家族は世帯と空間を超えて存在し、機能も範囲も多様であるとしている。そこで「T型集落点検」では、同居者や同じ地域に住む家族・親戚のみならず、地域外に出た（他出した）息子や娘、その配偶者や子どもも「家族」であり、その地域に関わるつながりとして考える。熊本県上益城郡山都町の事例では、車で1時間半以内で行き来できる場所に2/3の他出家族が居住していた。そして、他出子の約2割が実家に「週一回程度行く」、約5割が「月一回程度行く」と回答しており、7割程度が頻繁に交流していた。また、他出子の約5割が、親の介護が必要になった際に「山都町に行って介護する」と回答した。世帯が分離していても、家族の強い扶助機能が維持されていたのである。

③「つながり」の捉え方・政策の転換

つながりやコミュニティを、同じ地域内で完結したものと考えてしまうと、悲観的な結論に導かれるだけでなく、その可能性が閉じてしまう。こうした見方では、人口減少と超高齢化の進む地域社会は衰退を避けられないことになる。

しかし、交通手段や情報技術の発達により、物理的な境界を越え、多様な人とつながる可能性も格段に増している。たとえば、コロナ禍では、オンライン会議システムの利用が一般に浸透した。つまり、つながりやコミュニティの可能性を地域で活かそうとするのであれば、地域内でのつながりだけでなく、「地域を基盤」としつつも、地域に属さない橋渡し型の社会関係資本や、先の他出子のような地域に属していないが地域と強い関係を持ったつながり、情報技術を介した遠方との間接的つながりなどを含めて捉え直し、それを前提とした政策に転換していくことが必要となる。

近年注目される「関係人口」の議論も、同じ軸線上にあるものと考える。総務省は「関係人口」を、移住した「定住人口」でもなく、観光に来た「交流人口」でもない、「地域と多様に関わる人々」と定義（**図5－1**）し、人口減少・高齢化による地域づくりの担い手不足を補うことを期待している。「関係人口」を含めた地域内で完結しない多様なつながりをどのように構築し、活かしていくかを検討しなければならない。

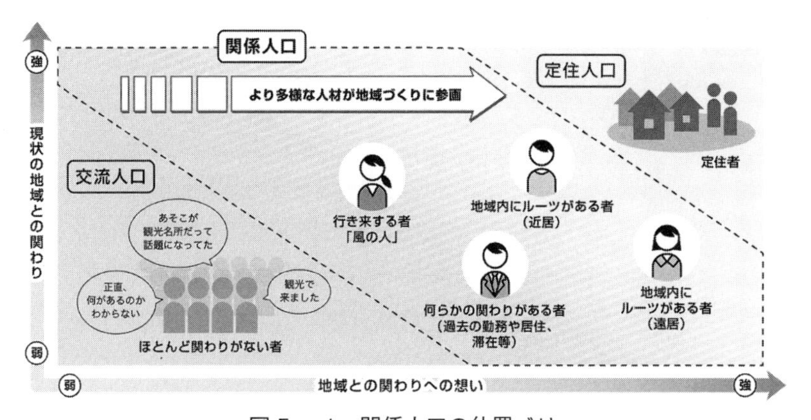

図５－１　関係人口の位置づけ

出典）総務省ホームページ https://www.soumu.go.jp/kankeijinkou/index.html

（3）地域の多様な「つながり」の把握

①リソースジェネレータ調査による地域のつながりの把握

これまで述べてきたように地域の多様なつながりを前提とした政策の転換が必要であり、政策を進めるにあたっては、地域のつながりの実態を把握する必要がある。しかし、これまで地域のつながりは、近隣との付き合いの程度，地縁組織への参加度などで把握されてきており、これでは住民の近隣での関係だけが暗黙のうちに強調されてしまう。

そこで筆者らは、社会関係資本を測定する方法の１つであるリソースジェネレータ手法を用いて、地域のつながりを把握することとした。同手法は、30 程度の他者に協力を依頼するような具体的な項目（リソース）のチェックリスト（以下、リソースリスト）を用意し、その協力を得られる知人の有無や居住地について質問を行い、回答者がアクセス可能なつながりの種類を測定するものである。つまり、回答者がつながりを介して、リストにある具体的な効用にどれだけアクセスできているかを測定するものである。なお、従来研究では、研究者が専門的な知見をもとにリソースリストを作成していたが、より地域の特性を反映させるために、多様な世代の地域住民へのグループインタビュー（以下、つながり座談会）を元に作成することとした。**表５－１**に作成したリソースリストの例を示す。筆者らは、この調査を千葉県市原市、八千代市、館山市、鹿児島県西之表市で実施した（栗島ほか、2015、Kurishima et al. 2017、田中ほか、2017、栗島ほか、2019）。ここでは、つながり座談会をもとにリソースリストを作成した八千代市・館山市・西之表市の調査によって得られた知見について簡単に述べる。

調査事例に共通した傾向としては、まず地域に住む人々にとって、「病気や障害を抱えた時に介護、看病などをお願いできる」「スーパーなどでお金が足りない時に立て替えてくれる」といった物理的・金銭的サポートや「地域のお店や病院などの情報を教えてくれる」「自分や家族の仕事を紹介してくれる」といった情報・知識提供・紹介仲介などの「手段的リソース」だけでなく、悩みや愚痴を聞いてもらい、気が楽になる」「いつも応援したり、励ましてくれる」などの精神的サポートや「ありのままの自分を受け入れてくれる」「野菜や魚などをおすそわけしてくれる」などの所属感といった「表出的リソース」を「つながり」に求めていた点がある。

また、物理的・金銭的サポートを除けば、「同居」「近所」「地区内（校区内）」といった地理的に近い「つながり」以外からも得られていた。これは地理的に近い「つながり」以外にも地域に価値をもたらす「つながり」があることを示す結果といえる。さらに、男性は女性より、高齢者は他の世代より、単身世帯は家族世帯よりも「つながり」を介したリソースを得にくいことが確認された。

一方で、地域による違いとしては、リソースの獲得先がある。離島地域である西之表市では「近所」や「校区内」などの地理的に近い人々とのつながりから得られていたのに対し、大都市郊外のベッドタウンである八千代市ではそれらのつながりからの獲得が少なく、主な獲得先は「同居」と「市外」のつながりであった（**表５－２**）。八千代市では、近

表5－1　作成したリソースリストの例（鹿児島県西之表市調査で使用）

	リソース項目	リソースの種類	
ア	あなたが病気や障害を抱えた時に介護、看病などをお願いできる	物理的・金銭的サポート	手段的リソース
イ	一時的（半日～２日程度）に留守にするときに、家族、ペット、庭木の世話を頼める		
ウ	（仕事や家事などを）手伝いをお願いできる		
エ	あなたや家族を車で送迎してくれる		
オ	使わなくなったものをあなたや家族に譲ってくれる		
カ	スーパーなどでお金が足りない時に立て替えてくれる		
キ	保証人になることを頼める		
ク	地域の生活に役立つ情報（美味しいお店、安売りのお店など）を教えてくれる	情報・知識提供紹介・仲介	
ケ	評判の良い病院を教えてくれる		
コ	自分とは異なる価値観や経験を持っている		
サ	状況に応じた適格なアドバイスをしてくれる		
シ	島内や島外に友人・知人がたくさんいる人		
ス	パソコンや携帯電話（スマートフォン）のトラブルが起きた時に相談できる		
セ	お金に関する情報（保険や投資、税金、ローンなど）をアドバイスしてくれる		
ソ	悩みや愚痴を聞いてくれて、気持ちが楽になる。	精神的サポート	表出的リソース
タ	日常的にあなたや家族を気にかけてくれる（見守ってくれている）		
チ	一緒に趣味を楽しんだり、体を動かしたりする		
ツ	自分ことを必要としてくれる		
テ	あなたの良いところも悪いところも尊重してくれる（受け入れてくれる）		
ト	あなたにやる気や刺激を与えてくれる		
ナ	あなたのことを応援したり、励ましてくれる		
ニ	よく食事や飲みに誘ってくれる	所属感	
ヌ	世代や性別、出身、立場などを超えて付き合ってくれる		
ネ	あなたが特にお願いしなくても、自発的にいろいろ手伝ってくれたり、助けてくれる		
ノ	下の名前やあだ名で呼び合う		
ハ	野菜や魚などをおすそわけしてくれる		
ヒ	地域の自然や歴史、風習などについて一緒に話をする		
フ	会ったら声をかけてくれる		
ヘ	災害時の避難場所や安否確認方法の情報を共有している	非常時	
ホ	家屋に被害が出た時に修理を手伝ってくれる人		

<table>
<caption>表５－２　事例地区におけるリソースの平均獲得数と獲得先</caption>
<tr><th rowspan="3"></th><th rowspan="3">平均
獲得数</th><th colspan="6">獲得先</th></tr>
<tr><th rowspan="2">同居</th><th rowspan="2">近所</th><th rowspan="2">校区内
(地区内)</th><th rowspan="2">市内</th><th colspan="2">市外</th></tr>
<tr><th>島内</th><th>島外</th></tr>
<tr><td>西之表市</td><td>25.1</td><td>8.0</td><td>9.1</td><td>7.9</td><td>10.3</td><td>3.8</td><td>5.4</td></tr>
<tr><td>八千代市</td><td>22.6</td><td>13.9</td><td>7.2</td><td>5.8</td><td>6.2</td><td colspan="2">11.8</td></tr>
<tr><td>館山市</td><td>22.8</td><td>13.5</td><td>6.8</td><td>6.2</td><td>7.3</td><td colspan="2">7.8</td></tr>
</table>

隣とのつながりが希薄である可能性がある。地方都市の館山市では、地域内外に「つながり」を持つＵターン者が、市外への移動歴のない者やＩターン者に比べてリソース獲得数が多かった。

②調査から見えた地域の「つながり」の課題

表５－２に示すように、離島地域で集落のつながりが強い西之表市ではリソースの平均獲得数は他の２地域よりも多かった。しかし、「近所」「校区内」「市内」といった地理的に近い人々とのつながりが重要なリソースの獲得先であることから、急速な人口減少により、そうしたつながりが今後急速に失われる可能性がある。また、高齢者はリソースの獲得が少ないこと、現状つながりがあっても老々介護のようにサポートをする側も受ける側も高齢者という状況も少なくないことを踏まえると、非常に脆弱な状態であるといえる。

では八千代市のようにこの先もそれほど人口減少が進まない地域では問題はないのであろうか。状況はそれほど単純ではない。問題となりうるのが、高齢者の単身世帯の急増である。先述のように高齢者や単身世帯は、つながりが弱いという結果がある。八千代市においては、家族などの「同居」する人を介してのリソース獲得が最も多かったが、単身世帯はそれがなくなる。また、先の西之表市と比べると「近所」「市内」などの地理的に近い人々を介してのリソースの獲得が少ない。高齢者にとって必要となる介護や送迎などの物理的サポートは「同居」や「近所」など地理的に近いつながりから得る必要があるが、八千代市の調査結果を見る限り、厳しい状況と言える。

（４）地域の多様な「つながり」構築に向けた方策

①人口減少下での多様なつながり

地域におけるつながりの多様性やリソースジェネレータ調査から見えた実態や課題を踏まえ、今後に向けた方策について考えていきたい。

まずは、繰り返しとなるが、地域のつながりを地理的に近い密なつながりだけで捉えないことである。調査事例でも、手段的リソースのうち情報提供・紹介仲介、表出的リソースのうち精神的サポートについては、地理的に近いつながり以外からも獲得していた。また、表出的リソースのうち所属感については、これまでは地域のコミュニティがその役割を担っていたが、著しい人口減少により困難となりつつある。しかし、地縁的でないコミュニティ（趣味のグループ、目的を同じくするグループ、NPOなど）でも所属感をもたらすことは可能である。つまり、人口減少が進む中でも、様々なつながりを構築することである程度は必要なリソースを得ることができる。もちろん、誰とどうつながるか、どのコミュニティに属するか、は個人の領域の問題である。地域内外に広がるつながりの価値を政策的に高めていくためにできることは、制度・組織・居場所づくりや教育などを通した、つながりの質と多様性を高める間接的介入となる。ここでは筆者らが行った試みについて紹介する。

②つながり座談会

まず、先述のリソースジェネレータのリソースリストを作成する際に開催した「つながり座談会」である。座談会は、公募で集まった地域住民を特定の世代・年齢に偏らないようにグルーピングし、フォーカスグループインタビュー形式で実施した。参加者には、「これまでの人生で、親族や近所の人、友人、知人とのつながりの中で、プラスになったこと」を当日までに考えてきてもらい、座談会の最初に発表してもらった。このとき、単に他の参加者の話を聞くだけでなく、類似・関連する経験がある際にはそれを発表してもらった。発表された内容をホワイトボードに書き出し、参加者で共有した。次に、書き出されたホワイトボードを見ながら、「将来に残したい、復活させたい、あるいは新たに築きたいつながり」を参加者に話し合ってもらった。

座談会はリソースリストを作成する目的で実施したが、世代・性別の異なる者で活発なディスカッションを行ったことで、住民同士が異なる経験や価値観に触れたり、地域の情報を得たり、お互いに刺激を受けたりする良い機会となった。また、座談会参加者からリソースジェネレータ調査後のフォローアップも行ってほしいという要望があり、調査後に座談会と同じ参加者で、調査結果を踏まえてどのようにつながりを構築していくかを考える「つながり創造会議」も開催した。異なる世代・性別による地域のつながりを考える座談会という場を設けることで、新たなつながりの構築や、異なるコミュニティを結び付ける橋渡し型の関係構築につながる可能性が示唆された。

③中高生を対象とした未来ワークショップ

次に、地域の中高生を対象に地域の未来を考える「未来ワークショップ」と、それを用いた学校教育プログラムの実施である。詳細は４－１で紹介しているが、進学や就職などの理由でいずれ地域を出ていくにしても、こうした試みによって、その後も何らかの形で地域や地域の人々との関係を持とうとする意識が人々に芽生えれば、それは地域にとって重要な「つながり」となるはずである。実際に４－１で説明したように、種子島では、ワークショップや学校教育プログラムによって中高生の地域への愛着や貢献意識が高まったほか、関係人口となって地域と関わろうとする島出身の大学生が団体を作る事例も出てきている。

④地理的に近いつながりづくりへの間接的な介入

一方、ここまで必ずしも地域に属さないつながりを強調してきたが、介護や移動支援、災害時などの手段的リソースのうちの物理的サポートについては、どうしても地理的に近いつながりに頼ることとなる。また、先述の老々介護のような脆弱な状況を避けるためにも、地理的に近い異なる世代間のつながりの構築・維持・強化も必要である。その意味で先述の「T型集落点検」や現在各地で進められている集落レベルでの居場所・サロンづくりは重要な政策である。

ただし、そうした地理的に近い多世代のつながりを近所や集落レベルで構築することは、人口予測からも困難となることが予見される。校区やそれ以上の広範囲（例えば基礎自治体レベル）でのコミュニティづくりや「小さな拠点」などのまちづくりなど、どのように間接的介入を進めていくかについて，その事例分析や具体的な政策の検討がこれからの課題である。

謝辞

本節の内容の一部は、JST-RISTEXのJPMJRX14E1の助成を受けて実施された研究に基づく。

【参考文献】

栗島英明、佐藤 峻、倉阪秀史、松橋啓介（2015）「Resource generatorによる地域住民のソーシャル・キャピタルの測定と地域評価との関連分析－千葉県市原市を事例に－」、『土木学会論文集G（環境)』、71(6)

徳野貞雄・柏尾珠紀（2014）『T型集落点検とライフヒストリーでみえる家族・集落・女性の底力－限界集落論を超えて』、農山漁村文化協会

Kurishima, H., Nakamura, A. and Kurasaka, H. (2017) “Development of Social Capital Management Approach with Resident Participation Using Improved Resource Generator Method”. *Selected Conference Proceedings: 3rd International Conference on Urban Sustainability and Resilience.*

田中紫織・栗島英明・中村昭史・時松宏治（2017）「千葉県館山市におけるソーシャル・キャピタルの特性」、『環境情報科学論文集』31

栗島英明・中村昭史（2019）「人口減少社会における地域のソーシャルキャピタルの傾向と対策：リソースジェネレータ調査を踏まえて」、『地球環境』24-2、127-135

◇ 5 − 2　脱炭素社会の選択に向けた問い

白井信雄

本節では、どのような脱炭素社会を目指すのか、その実現に向けてどのような変革を行っていくのか、何をすべきかを深めるための問いを整理し、異なる考え方を持つ主体間の対話の必要性を示す。

（1）気候変動対策の進展と社会転換

① 2010 年目標と 2030 年目標

日本が約束した温室効果ガスの排出削減目標は第一拘束期間（2008 年～ 2012 年）において 1990 年比 6%削減であった。それから年月が経て、今日の NDC（国が決定する貢献）は 2013 年度比 46%減（さらに 50%減の高みに向け挑戦）となっている。大まかにいえば、2010 年に向けた取組みはフォーキャスティングであり、国の状況において実行可能な目標をたて、手始めに手探りでやっていこうという目標であった。これに対して、2030 年の目標はバックキャスティングで設定されている。2050 に脱炭素を実現することを最終目標として、そこに至る通過点として 2030 年に目標を決めているのである。

2010 年までの削減目標を定めた頃は日本の温室効果ガス排出量は増加傾向にあったことから、マイナス目標を持つだけでも大きな意味を持っていたとはいえる。今日では 2010 年代には同排出量が減少傾向を示してきたから、それを加速化させればいいともいえる。しかし、（ムーンショットで描く）2050 年の脱炭素社会という理想の持ち方次第である。現在の社会のあり方の根本を見直す理想を持つならば、その実現に向けて（バックキャスティングで）行うべきことはかなり劇的で先鋭的なものとなる。理想の社会を考えることなく、2050 年の脱炭素社会の議論に参加しないままに、提示された国の政策に追随するだけでよいのだろうか。

②国の計画に示された気候変動対策

2030年に向けた気候変動対策は、2021年10月に閣議決定となった地球温暖化対策計画に示されている（**表5－3**）。この中で、「2050年カーボンニュートラルと2030年度46％削減目標の実現は、決して容易なものではなく、全ての社会経済活動において脱炭素を主要課題の一つとして位置付け、持続可能で強靱な社会経済システムへの転換を進めることが不可欠である。目標実現のために、脱炭素を軸として成長に資する政策を推進していく。」と記している。

ここで吟味すべきは、「持続可能で強靱な社会経済システム」とは何か、「脱炭素を軸とした成長」とは何かということである。この内容は計画に位置づけられる主な対策をみれば明らかである。つまり、再生可能エネルギー事業の拡大、住宅・建築物の省エネルギー化、水素や蓄電池等のイノベーション等のように、ハードウエアの技術開発と普及が中心である。国民一人ひとりの学習による意識向上やコミュニティによる支えあい等があって、持続可能性や強靱性が確保されるべきと考えるが、そのような視点は重視されていないことが明日である。

③2050年に向けた国のビジョン

地球温暖化対策計画と同時に「パリ協定に基づく成長戦略としての長期戦略」が策定された。2050年に向けた戦略もまた、「地球温暖化対策

表5－3　地球温暖化対策計画（2021年10月）に示された主な対策

	具体的内容
エネルギー	・再生可能エネルギーの普及区域を、地方自治体が設定し、地域に裨益する再生可能エネルギー事業を拡大する。 ・住宅や建築物の省エネルギー基準への適合義務づけを拡大
産業・運輸等	・2050年に向けたイノベーションを支援する、例えば水素・蓄電池等の重点分野の研究開発と社会実装を支援 ・データセンターの30％以上省エネに向けた研究開発・実証支援
分野横断的取組	・2030年までに100以上の「脱炭素先行地域」を創出 ・優れた脱炭素技術等を活用した、途上国での排出削減（二国間クレジット制度：JCMにより、地球規模での削減に貢献

は経済成長の制約ではなく、経済社会を大きく変革し、投資を促し、生産性を向上させ、産業構造の大転換と力強い成長を生み出す、その鍵となるもの」という基本的方針を示している。同方針についても、「経済社会の変革」とは具体的にどのようなことなのかを問うていく必要があるが、技術イノベーションによる経済の成長が主眼であることは明らかである。2050年目標が経済成長主義であるため、自ずから2030年までの計画もそのような性質のものとなっている。

戦略に示された「地域・くらしのビジョン」の記述を次に引用する。この内容で、2050年の地域のあり様を具体的に検討できる人がどれだけいるだろうか。

【「パリ協定に基づく成長戦略としての長期戦略」に示された2050年カーボンニュートラルに向けた地域・くらしのビジョン】

人口減少・少子高齢化が進む我が国においては、その地域の人達がそこに住み続けることができるよう、地域経済循環を促し、地域の活性化につながることにより、特に地域の力を高める成長戦略が重要となる。

限られた地域内だけでなく、都市と農山漁村の共生・対流などの広域的なネットワークにより、地域資源を補完し支え合うことが重要である。

地域資源を持続可能な形で活用し、自立・分散型の社会を形成しつつ広域的なネットワークにより、地域における脱炭素化と環境・経済・社会の統合的向上によるSDGsの達成を図る「地域循環共生圏」を創造し、そこにおいては2050年までに、カーボンニュートラルで、かつレジリエントで快適な地域とくらしを実現することを目指す。

注）下線は筆者による、地域主体が具体的に検討すべきこと

（2）脱炭素社会を考えるうえで検討すべき要素

①二酸化炭素の排出量を規定するファクター

二酸化炭素排出量は次の簡単な数式で示すことができる。右辺の項目が排出量を削減する際に検討すべきファクター（要因）となる。右辺のファクターは分母と分子が相殺しあって、左辺と同じなるようになっている。こうした整理の仕方を中間項分解という。

この数式は脱炭素のためには多面的な対策があることを示している。すなわち、脱炭素を実現するためには、再生可能エネルギー（などの脱炭素電源・熱源）の100％導入による炭素密度ゼロの実現が必要であるが、再生可能エネルギーの導入可能量にも限界があり、エネルギー消費量を減らす必要がある。このため、そもそもサービス需要量を減らす（無駄をやめてシンプルに暮らす）、サービス消費効率を減らす（シェアし、身近で賄う）、エネルギー消費効率を減らす（省エネルギーのための設備導入やシステム管理を行う）といった対策が必要となる。

【脱炭素の中間項分解】

（二酸化炭素排出量）＝（サービス需要量）×（サービス消費効率）
×（エネルギー消費効率）×（炭素密度）

右辺の各ファクター
（サービス消費効率）＝（サービス消費量）／（サービス需要量）
（エネルギー消費効率）＝（エネルギー消費量）／（サービス消費量）
（炭素密度）＝（二酸化炭素排出量）／（エネルギー消費量）

中間項分解によって得られたファクターを、生活者が直接関連する民生（家庭）部門、運輸（旅客）、運輸（貨物）の部門別に具体的に整理した（**表5－4**）。例えば、民生（家庭部門）の二酸化炭素排出量を削減するための対策についていえば、国の計画では住宅や設備の省エネルギー化と再生可能エネルギー利用のみを示しているが、それではサービス需要とサービス消費効率を改善する対策を扱っていないことになる。

表５－４　脱炭素を考える枠組み（３部門で例示）

ファクター	サービス需要	サービス消費効率	エネルギー消費効率	炭素密度
	文化・構造		設備・技術	
民生（家庭）	●自然に即した暮らし	●住宅の共有（シェアハウスなど） ●多世代同居	●省エネ家電 ●断熱住宅 ●エネルギー管理	●再エネ発電・熱供給設備の設置 ●再エネ電気・熱の購入
運輸（旅客）	●移動しない仕事の仕方、在宅ワーク	●職住近接（街中居住）	●公共交通利用 ●徒歩や自転車での移動	●電気自動車・電機バス＆再エネ電気利用
運輸（貨物）	●自給自足 ●足るを楽しむ消費	●地産地消	●鉄道などの公共交通での輸送 ●物流の効率化	●電気トラック＆再エネ電気の利用

理由は明らかである。サービス消費量を減らすことは市場経済の需要側面を量的に縮小することになり、経済成長は両立しがたいからである。運輸（旅客）部門の脱炭素のために在宅ワークや職住近接、運輸（貨物部門）の脱炭素のためには自給自足や地産地消といった対策があり、これらの対策による生活の豊かさこそ、地域・くらしのビジョンで扱うべきだと考えられる。しかし、地域・くらしのビジョンであっても、経済成長という前提を外すわけにはいかないという事情がありそうである。

②社会経済の転換（変革）と経済成長は両立するのか

中間項分解から明らかなことは、「パリ協定に基づく成長戦略としての長期戦略」に示された「経済社会の変革」とは、（本来は）サービス需要量やサービス消費効率を変えるように社会経済の根本を変えるということである。

サービス需要量を減らすためのキーワードは「シンプル」や「スロー」である。大量生産・大量消費・大量廃棄型といった量の追求、あるいはモノやサービスの浪費を当たり前とする社会経済を手放し、自然の摂理や生身の人間の本性に即した簡素な暮らしの充足感を楽しむ社会に変革するのである。

サービス消費効率を減らすためのキーワードは「ローカル」や「コミュニティ」である。モノやサービスの消費をグローバルなサプライチェーンに依存する暮らし、あるいは職場と暮らしの分断を改め、ローカルで賄い、コミュニティで助けあいを社会への変革が必要である

加害や被害の状況が見えにくい構造的暴力が横行しており、今日、未解決な環境問題は構造的問題である（1 − 1参照）。気候変動問題もまた、構造的暴力であり、構造的問題である。この構造を変えることが転換（変革）であるはずだ。この不都合な事実を曖昧にせず、気候変動問題の本質が構造的問題であることに対峙しなければならない。

具体的にいえば、脱炭素のためには省エネルギー・再生可能エネルギーの技術・設備の導入の活発化と社会経済の転換（変革）の両方が必要であるが、両者には相容れない面もある。とくに、気候変動による経済成長を強調するとき、技術・設備の導入は投資の活発化による経済循環をもたらすが、社会経済の転換（変革）は経済成長の抑制になる可能性がある。脱炭素社会における「経済社会の変革」のあり方を飾り言葉や枕詞で語らず、具体的に検討する必要がある。

（3）脱炭素社会のあり方を深めるための選択肢

①２つの社会像を対峙させる

技術・設備の導入の活発化と社会経済の変革をバランスよく実現していけばよい、あるいは両方をパラレルに導入し将来的に選択をしていけばよい、と言うことは簡単である。しかし、もう少し踏み込んだ議論ができないだろうか。

かつて、「2050 日本低炭素社会」シナリオチーム（2007）では、2050年の低炭素社会（当時は脱炭素ではなく低炭素であった）を具体化するために、高度技術型と自然共生型の２つの社会像を示した。この高度技術型の社会像はまさに技術・設備と経済成長を両立させるものであり、

自然共生型は社会経済の変革を図るものである。

この他にも、２つの社会像を示す試みがなされてきている。たとえば、国立環境研究所（2015）では、持続可能な社会に関する指標の開発において、効率性か公平性のいずれを重視するかという観点で「豊かな噴水」型社会と「虹色のシャワー」型社会という２つの社会像を整理している。

また、白井（2018）は、2010年代の再生可能エネルギーの導入が地域外の大企業による利益追求型の大規模開発と、地域住民主導によるエネルギー自治を目指す取組みの両面があることを調査したうえで、「便利で気楽な依存」型社会に対して、「手間のある自立を歓ぶ共生」型社会という目標設定が重要であることを指摘した。

②社会像Ａと社会像Ｂのメリットとデメリット

２つの社会像を区分けする軸は様々であるが、いずれにおいても１つは現在、主流となっている慣性の延長上にある社会像であり、もう１つは既に動き出しているものの主流とはいえない、代替的な社会像である。前者を社会像Ａ、後者を社会像Ｂとして、両者のメリットとデメリットを整理してみよう（**表５－４**）

社会像Ａと社会像Ｂともにメリットとデメリットがあり、短兵急に社会像Ｂを実現すべきだとはいえない。筆者は、大学の講義や市民への講演で同様の社会像を提示し、いずれかの選択を問いかけてきた。社会像Ａと社会像Ｂの支持が分かれることが多い。その支持理由から言えることは、社会像Ａの支持理由は「社会像Ｂは理想であるが既にある社会を変えられない、実現が困難だから」という消極的なものが多いことである。

問題は、社会像Ｂを求める一般市民は多いにも関わらず、それが国の政策や地域の計画に取り上げられていないことである。経済や技術のわかる専門家、そして既得権益を守ろうとしている大企業だけで気候変動政策が検討され、そのために社会像Ａが中心となっているとしたら、そ

表5－4　社会像Aと社会像B

		社会像A	社会像B
特徴	経済	経済の量的成長の追求	経済の質的転換の模索
	福祉	得られた財源の配分	ネットワークによる相互支援
	主体	専門家、大企業、中央官庁	市民、地域組織、地域行政
	技術	ハイテクのイノベーション	適正技術とハイタッチの活用
	範囲	グローバリゼーション	リローカリゼーション
メリット		・慣性の維持、変えなくてよく、手放す痛みがない ・収入が維持されれば、経済的に安心できる	・自立し、助け合う、人としての歓びがある ・食、エネルギー、福祉などを地域で賄うレジリエンスがある
デメリット		・労働や通勤によるストレスや、孤立化の問題が解消しきれない可能性 ・大企業と中小企業、強者弱者の格差が拡大する可能性 ・人口減少、国際競争力の激化が進むなかで、成長の維持が困難化	・変えるために、手放す痛みがあることが懸念される ・収入が減ることへの不安 ・国際競争に取り残され、世界情勢に翻弄される可能性 ・経済成長を優先する状況では政治や国の政策による実現が困難

の政策決定の方法に欠陥がある。

一方、気候変動社会の将来像を検討する市民ワークショップを行うと、地域で根ざして暮らしている人々は既に社会像Bを体現しており、社会像Bを中心に将来像を描くことが多い。地域の主体が、経済や技術に明るくないために社会像Aを遠ざけているとしたら、地域の主体は経済や技術のことを学び、経済成長の鈍化の持つ意味をよく受けとめて、将来像を深く考えることが求められる。

以上のように、脱炭素社会という目標を深く考えるためには、社会像Aと社会像Bのメリットとデメリットを話し合い、そのうえで目指すべき脱炭素社会はどのような社会なのか、その社会像の持つデメリットをどのように解消していくべきかを話し合うことが必要である。

（4）トランジション・タウンにみる社会像Bの実践

①社会像Bを実践しているトランジション・タウン

社会像Bを具体化する動きは既にある。その1つが、2006年に、イギリスのトットネスにおいて、ロブ・ホプキンスらによる始められた「トランジション・タウン」運動である。長坂（2014）が指摘しているように、トランジション・タウンは気候変動とエネルギーを双子の危機として捉えた社会転換の活動であり、レジリエンス、リエコノミー、リローカリゼーションの3点を理念として重視している。レジリエンスは、学術的には様々な定義がなされているが、ロブ・ホプキンス（2013）は、「ひとつのシステム－個人から経済全体までが持つシステム－が、変化や外部からの衝撃を受けたときに起こす機能を結合し維持する能力」と定義している。エネルギーの外部からの供給停止に対する対応力などがこれに相当する。

リエコノミーとは大量消費や枯渇性資源に依存する経済の再構成、それを実現するための地域回帰がリローカリゼーションである。この2つの概念は、1970年代以降に提唱されてきた適正技術や地域主義、内発的発展論などに通じるものである。新しいようでいて、歴史的な議論を踏まえている点（すなわち、これまでの理論が活かされている点）が、トランジション・タウンの理念の特徴である。

②日本におけるトランジション・タウン

トランジション・タウンの活動を持ち込んだ中心人物の一人が榎本英剛氏である。榎本氏は、ロブ・ホプキンスのワークショップに参加して、仲間とともに、トランジション・タウンを日本の地域で立ち上げることを目的に、2008年6月に、「トランジション・ジャパン」を発足させた。　2008年に説明会を開始し、「ワールド・カフェ」や「オープンスペース・テクノロジー」という多くの人に発言機会を広げるワークショップ手法を用いて、東京そして全国に活動を広げていった。

トランジション・ジャパンの資料によれば、「2009年初めに、藤野、

表5－5　日本各地のトランジション・タウンにおける活動例

食	持ち寄りごはん、発酵、パンづくり、畑、コンポスト、有機農業、養鶏、保存食づくり
エネルギー	非電化、自然エネルギー、制約の方法（省エネルギー）
住まい	ガーデニング、リフォーム、竹小屋づくり、自然住宅、シェアハウス
森林整備	間伐、植林、水脈整備
教育	子育てサークル、森のようちえん、自然育児の会、トランジショントレーニング
安全	防犯パトロール、防災
経済	地域通貨、コミュニティ・ビジネス、マーケット、エコカフェ、エコツアー、起業支援、雇用創出、地域ファンディング
まちづくり	地域の基本構想提案、まちあるき
健康・医療	セルフケア、アロマ＆ハーブ、健康講座、整体ワークショップ、高齢者との交流、死生観、統合医療
心・精神	上映会、お話し会、内なるトランジション（自分と他者、地球とのつながりを取り戻す）、タイムライン（未来を描く）
広報	インターネットラジオ、ツアー、イベント

葉山、小金井の３地域から立ち上がり始め、トランジション・ジャパン発足から２年を経た2010年７月、日本でのトランジション・タウン数は15」になったとされる。その後、東日本大震災と福島原発事故があり、活動は全国が広がった。

各地域では、ワークショップを行い、その結果、あるテーマに対して興味のある人がある程度の数になったら、チームをつくり、活動を始めるというスタイルをとっている。このため、活動は固定化されずに常に変化している状態にあるが、具合的な活動の例を**表５－５**に示す（白井・松尾 2016）。

③トランジション・タウンから学ぶ社会像Ｂの実践

トランジション・タウンの活動から、社会像Ｂの実現手法を学ぶことができる。３点の学ぶべき特徴を示す。

第１に、トランジション・タウンは今ある町の中で、小さな「社会経済の変革」の実践を立ち上げる手法である。かつて、慣性の社会と一線を引き、隔絶した場所でエコビレッジをつくる活動が世界的に広がったことがあったが、その発展や継続、定着がなされたかった反省がある。トランジション・タウンは、社会像Ａが中心となる地域において、社会像Ｂのニッチイノベーションを創発する現場での実践である。

第２に、トランジションは地域住民がアイデアを出し合い、自発的かつ緩やかに活動を立ち上げるとともに、先行する取組みから専門的なことを学ぶ仕組みやコーディネイトのスキルが導入されている。ただ楽しみながらできる範囲で行うのでなく、専門性が持ち込まれている。つまり、トランジション・タウンでは、社会像Ｂの実現手法として社会像Ａとは異なる方法がとられている。

第３に、トランジション・タウンは、レジリエンス、リエコノミーとリローカリゼーションといった明確なコンセプトが共有され、それを基盤として、社会変革の活動が創造されている。（このようなカタカタコンセプトに共感する地域住民ばかりとはいえないが）トランジション・タウンでは、明確なコンセプトを示すことで、明確な方向性をもったアクションが生み出されている。

（５）脱炭素社会を深く考える問いのデザインと対話

①脱炭素社会を深く考える問い

ここまでの整理を踏まえて、脱炭素社会という社会目標を具体化するための問いをデザインしてみよう。下線部分が各問いのテーマである。

【社会経済の変革に関する全体的な問い】

問いの１：<u>社会像Ａと社会像Ｂのメリットとデメリット</u>は何か、各々のデメリットはどのようにしたら解消できるか。特に、社会像Ａにおける社会的包摂や公正・公平、レジリエンス、ウエルビーイングという観点でのデメリットをどのように解消するか。

問いの２：社会像Ｂを実現するためには、<u>慣性を手放す痛み</u>が問題となるが具体的にはどのような痛みなのか。<u>慣性にしがみつくことで</u>

無理をしているとすれば、慣性を手放すことで痛みを解消できるのはないか。痛みがあるとすれば、それはどのように軽減できるか。

問いの3：トランジション・タウンの活動にみられるようなアクションを立ち上げたいと思うか。地域の中でトランジション・タウンの活動が立ち上がったとしたら、どう関わるか。トランジション・タウンを立ち上げ、広げる際の阻害要因は何か。どのように阻害要因を解消したらよいか。

【資源・エネルギー構造に関する問い】

問いの4：脱炭素のために再生可能エネルギーの導入が不可欠であるが、再生可能エネルギーの導入と地域課題の解決を両立させるために、どのような工夫が考えられるか。

問いの5：都市部においては、再生可能エネルギーを地域外からの調達が必要となり、農山漁村部では再生可能エネルギーの地域外への供給が期待される。再生可能エネルギーの融通による都市と農山漁村の WIN － WIN の関係をどのようにつくるか。このことで、特に農山漁村はどのように地域活性化を実現するか。

問いの6：脱炭素電源（熱源）として、再生可能エネルギーだけでなく、原子力発電や CCS（二酸化炭素回収・貯留）なども考えられているが、これらの維持・普及をどのように考えるか。

【国土・土地利用構造に関する問い】

問いの7：脱炭素社会においては市街地のコンパクト化や中山間部での小さな拠点づくりといった土地利用の集約を進めることが望ましい。この集約によるメリット・デメリットをどのように考えるか。この集約のための市街地や鉄道駅周辺への居住促進、公共交通の維持や利便性向上のために、どのような対策をとるべきであるか。地域住民は何をすべきか。

問いの8：リモートワークが定着することで、大都市圏でなくとも世界や全国に向けた先端的な仕事をすることができるようになってきた。では、リモートワークを前提にした地方への移住をどのように促進することができるか。自分自身は地方への移住をどのようにしたら実現するか。

【産業・流通構造に関する問い】

問いの９：脱炭素社会においては、脱化石資源・脱化石燃料を進めることになるが、そうすると石油由来のプラスチック製造、石炭を還元剤にした製鉄、天然ガスの供給を手放していくことになる。このため、バイオプラスチック、水素利用による製鉄、メタネーションなどの新技術開発が期待されているが、これらの新技術開発をどのように考えるか。

問いの10：グローバリゼーションによる弊害を是正するためには、フェアトレードによる途上国の支援と地産地消などによるリローカリゼーションの２つの取組みが必要となる。具体的には、地域内で消費するモノやサービスにおいて、何をどこから、どのように調達すべきか。

【政治・行政構造に関する問い】

問いの11：脱炭素社会においては、脱炭素に対して地域住民が主体的に取組み、参加と協働の意識を高めていることが必要ではないか。行政や専門家主導の脱炭素社会にならないようにするためには、地域住民の参加と協働、あるいはその基盤となる地域住民の教育・学習システムをどのようにつくるべきか。

問いの12：脱炭素社会では、政治家、行政職員、企業人、大学研究者、NPO職員、専業主婦・主夫などの流動性が高まっている可能性がある。例えば、環境活動を行ってきたNPO職員が行政職員となり気候変動政策のマネジャーを務めるようなことが考えられる。このような流動性を高めることについて、どのように考えるか。このような流動性を高めるために、現在の仕組みの何を変えるべきか。

【ライフスタイル構造に関する問い】

問いの13：脱炭素社会では、市場を介した外部依存型の暮らしを見直すことが必要ではないか。例えば、食糧とエネルギーなどをできるだけ自ら賄うとともに、コミュニティの中でできないことを融通しあうという自立共生型の暮らしを実現することについて、どのように考えるか。

問いの14：脱炭素社会では、ワークライフバランスの取り方や仕事の仕方が多様化しているのではないか。在宅ワーク、ワーケーションなどといった仕事場のマルチ化、副業や半農半Xといった仕事内容のマルチ化などが考えられるが、2050年にはどのような働き方が実現しているか。

問いの15：AIやロボットなどの技術進歩により、ライフスタイルはどのように変わるだろうか。単純作業を繰り返すようなものづくりや事務的な作業はできるだけロボットに任せて、創造的な部分、あるいは社会的な活動に時間をかけるようになるか。

②脱炭素社会に向けた創造的対話

①で示したような問いをもとに、正解を決めつけることがない対話を行おう。対話とは、考え方の異なる意見を傾聴して理解し、考え方の前提を問い直し、それぞれが自己を内省し、考えを深めるプロセスである。この対話を関係主体で行うことで、社会経済の変革として何を目指すべきか、何をすべきかを深め、共有していくことができるだろう。

さて、あなたはそれぞれの問いにどのような答えを考えるだろうか。家族や友人はどうだろうか。

【参 考 文 献】

「2050日本低炭素社会」シナリオチーム（2007）「2050年日本低炭素社会シナリオ：温室効果ガス70％削減可能性検討」

国立環境研究所（2015）「持続可能社会転換方策研究プログラム」研究プロ

ジェクトチーム「次世代に残したいものを残せる社会とは」
白井信雄（2018）「再生可能エネルギーによる地域づくり～自立・共生社会への転換の道行き」環境新聞社
ロブ・ホプキンス（2013）「トランジション・ハンドブック」城川桂子訳、第三書館
長坂寿久「リローカリゼーション（地域回帰）の時代へ（10）NGOのリローカル化運動（1）：トランジションタウンの展開」、国際貿易と投資Spring 2014/No.95
白井信雄・松尾祥子（2016）「地域におけるライフスタイル変革の可能性：日本国内のトランジションタウンの事例から学ぶ」地域イノベーション

◇5－3　資源循環の転換、脱物質社会はどうなる

吉田綾・田崎智宏

本節では、リサイクルなどによる資源循環型の社会構築をさらに進め、脱物質社会への転換を図るライフスタイルやビジネスの関連動向を紹介する。

（1）溢れるモノ

①平均的中流家庭の持ち物

1990年代前半、アメリカのフォトジャーナリスト、ピーター・メンツェル氏が、世界30カ国の「平均的な」家庭を訪問した写真集がある。持ちモノすべてを家の外に出し、家とモノとその持ち主である家族を撮影したものである。これを見ると、日本の「平均的中流家庭」である4人家族のウキタ家には、自動車、自転車3台、一輪車、本棚3つ、本とまんが、時計、人形、いろいろなおもちゃ、おもちゃの収納カゴ、勉強机、スーツケース2つ、冷蔵庫、ガスストーブ、ガスヒーター、こたつ、靴28足、傘5本、ビデオゲーム、炊飯器、カラーテレビ、電子ピアノと椅子、電話、サイドテーブル、コーヒーテーブル、魔法瓶、ワゴンテーブルと炊事用具、洋服掛け2つ、ベッド、ドレッサー、食器棚と食器、電気オーブンとオーブントースター、二段ベッド、毛布、食器棚、洗濯機・乾燥機、犬小屋と犬、お風呂用具、スケートボード、衣類、子供用椅子、ヘルスメーター、客用布団など沢山の持ち物が写っている（Menzel 1994）。当時は、戦後復興、高度経済成長の長期の拡大過程で、景気が良く、消費が美徳とされる拡張的雰囲気の中に包まれていた時代である。

それから、約30年あまりが経ち、日本はこの間、バブル崩壊やリーマンショックなどの経済ショックを経験し、平均賃金（年収）はこの30年間ほとんど変わっていない。私たちは、それほど贅沢な暮らしを

している意識はないが、クローゼットには平均50着以上の服を持っているし、着ていない服があるにも関わらず、シーズンごとに新しい服を買おうとする。テレビ・冷蔵庫・洗濯機・エアコン・携帯電話などの電子電気機器は、今や生活必需品となっているし、百円均一のお店には、安くても品質のいいモノや便利なモノで溢れていている。

②「省資源型・脱炭素型のライフスタイル」へ転換

私たちの生産・消費活動は、大量の天然資源とエネルギーを使用し、また大量のごみを捨てている。エコロジカル・フットプリントは、私たちの暮らし地球環境にどれだけの負荷を与えているのかを示す指標である。2022年時点で、地球全体では地球の環境容量を超えた1.75個分の資源を消費していると推計されている。世界中の人々が、日本人と同じ生活スタイルをしたときに必要な地球の数は、地球2.91個分と言われている（エコロジカル・フットプリント・ジャパン、2022）。

私たちが地球1個分の持続可能な暮らしを実現していくためには、「使い捨て型のライフスタイル」を資源循環型社会に変えるのでは不十分で、「省資源型・脱炭素型のライフスタイル」へ転換することが大切になる。そのための近年の動向として、生活者側の観点からは「片づけ」を、新しいビジネスの観点からは「シェアリング」と「サービスビジネス」をとりあげる。

（2）片づけブーム

①モノ持ちの良さを美徳する時代から、片づけて手放す時代へ

家族社会学者の橋本嘉代によると、女性誌の特集テーマに「片づけ」が定着したのは1990年代のバブル崩壊後と言われている（朝日新聞、2019）。女性の生活雑誌が売れる二大テーマである節約とダイエットに、収納・片づけが加わった形である（**表５－６**）。

2000年代、まだモノ持ちの良さが美徳とされ、捨てることに戸惑いや罪悪感を持つ人も多いなか、文筆家で後に生活哲学家となった辰巳渚

表５－６　片づけ・モノが少ない暮らしに関する動き

年代	社会の動き
1990年代	女性誌で片づけ・収納の特集が定着
2000	辰巳渚「『捨てる！』技術」刊行
2009年	やましたひでこ「新・片づけ術　断捨離」刊行
2010年	近藤麻理恵「人生がときめく片づけの魔法」刊行
2013年	フリマアプリ「メルカリ」登場
2015年	「ミニマリスト」が日本で流行語に
2018年	洋服など各種定額制レンタルサービスが注目される
2020年	コロナ禍で「断捨離」「片づけ」する人が増加

出典）朝日新聞（2019）を参考に筆者作成

は『「捨てる！」技術』を出版し、ベストセラーとなった。「捨てて整理する」ことで暮らしを見つめ直す、という大胆な提案だった。

この「捨てる」という発想は、クラター[注)]コンサルタント・やましたひでこの『断捨離』や、片づけコンサルタント・近藤麻理恵の『人生がときめく片づけの魔法』にも引き継がれている。

その後も、片づけ方法を指南した、さまざまな本が出版されたが、核心部分はどれも共通している。今使うモノ、これからも使いたいモノ、収納に収まる分だけを残し、それ以外のものを「手放す（捨てる）」のである。

②手放すことで、モノを活かす

私たちは「まだ使えるから」「いつか使うかもしれないから」「もったいないから」「捨てたらもう二度と手に入らないかもしれないから」という不安から、つい何でも取っておこうとしてしまう。しかし、その「いつか」は永遠にやってこないことも多い。今使う予定がないものを、早めに手放すことで、次の人が活用する機会が生まれ、モノをモノとして、活用することが、本当にモノを「活かす」ことになるのである。

注）クラター（clutter）は英語でガラクタを意味する。

モノがあった場所のスペースが空くと、居住スペースの有効活用にもつながる。また、すぐに汚れに気づくため、自然と掃除する頻度が増える。

まだ使えるモノを捨てることは心が痛むものである。しかし、一度この痛みを経験すると、次に新しいモノを入手する時に、より慎重に考えて行動することにもつながる。自分の好みやニーズにどれくらい合っているか、どのくらいの期間使えるかなどを、よく考えてから買うようになるので、結果として、より質の良いモノや長く使えるモノを選ぶことにもつながる。「安いから」「お得だから」「いつか使うから」と衝動買いすることや、使い切れず結局無駄にしてしまったりすることを防ぐことにもなる。

「捨てる」が終わった後のステップは、残すと決めたモノの定位置を決めて、何がどこにあるのかわかりやすくしまうことである。そうすることで、自分が何をどれだけ持っているかを把握することができる。モノが見つからなくて、家じゅうを探したりして、時間を無駄にすることもない。持っていたことを忘れて、二重に買うこともなくなるため、モノを必要以上に持ちすぎることを防ぐ効果もある。

モノが少ないと、片づけることが楽になる。たとえ散らかったとしても、モノを定位置に戻すだけで良いので、掃除やメンテナンスもしやすくなり、結果的にモノの管理にかかる時間も短縮することができる。空間にも心にも余裕が生まれ、心地よく暮らすことにつながる。

③ミニマリストという生活スタイル

2015年には、「ミニマリスト」と称される、必要最小限の（ミニマル）のモノだけで暮らす生活スタイルが、インスタグラムなどで拡散され、流行語にもなった。

モノが少ないスッキリした暮らし方への憧れが、美的意識が高い人に響いているように見える。しかし、ミニマリストは、誰にでも簡単に実践できるライフスタイルではない。便利グッズにたよらず、一つのモノで工夫して暮らすことが求められるためである。当然不便な時もあるし、機能的ではないことも多い。また、スキルだけでなく、時間的な余裕や体力もないと難しい。実際、ミニマリストには、シングルの人や子供がいない人が多いというのも、そうした理由からであると考えられる。

筆者はこれまで、モノを減らすことに成功した人々、数人にインタビューをしてきた。モノが少ない暮らしを継続できる方法について、ある人は、「街やお店を“大きな倉庫”と考える」と話していた。

「コンビニも24時間やってるし、買おうと思えばいつでも買えるんだと思ったら、不安だと感じることもなくなった」

都会に住んで、欲しい時にはすぐに調達できる、便利な暮らしをしているからこそ成り立つ話ではあるが、必要以上に買いだめをしないことは、ミニマリストに限らず、物欲をコントロールする基本的な方法と言えるだろう。

多くの人が目指しているのは、心豊かで快適な暮らしである。しかし、日々の消費生活の中で、知らず知らずのうちにモノを溜め込み、身動きができなくなってしまっている状況にあるのではないか。断捨離・片づけやミニマリズムは、これを適正量に戻そうとする試みと言える。

（3）シェアリングとサービスビジネス

①シェアリング・ビジネスの登場

前述した脱物質化へのニーズに対応したビジネスモデルとして、脱物質化を推進することに一役を買うシェアリング（共同利用）・ビジネスやモノをなくすタイプのサービスビジネスが近年、多く見かけられるようになっている。先進国では物質的な豊かさが成熟期に入ったという一面があり、モノを所有すること自体の価値が一部の人々にとって魅力的でなくなってきたことや、機能的にスマートに生活をすることへのニーズがあること、また、それが経済的なメリットにもつながるということなど、複数の要因がこれらのビジネスの市場受容性を高めている。なかでも、スマホという個人のデジタル端末がひとそれぞれに異なるニーズを満たしつつ、必要な情報をやりとりし、かつ決済を行うことを可能にしたことが大きい。環境志向のサービスビジネスは2000年代にも登場しており、海外では「プロダクト・サービス・システム（PSS）」と呼ばれたり、国内では「グリーン・サービサイジング」などと呼ばれていたが、普及が広まらずにビジネスの撤退が進んでしまった。これに対し、現在進行中のサービスビジネスはデジタル端末の登場と消費者層の変化をうまくとらえているという違いがある。つまり、デジタル化の進展によって低いハードルで利便性の高いサービスが得られるようになっている点で、これまでのサービスビジネスとは異なる特徴がある。

②交通系のシェアリング・ビジネス

交通系のビジネスモデルであれば、日本ではタイムズ、オリックス、カレコなどのBtoCの事業者が消費者に提供するタイプのカーシェアリングが第一に挙げられるだろう。高額な車の維持費用を考えると、実は、車を持たずに必要なときだけ使うという方が安価となる場合がある。また、シェアリング・ビジネスは規模の経済が働くので、都市部で、かつ駐車場の確保が可能な地域はこのようなビジネスが可能となる。2000年代に入ってから若者の車離れが話題になったが、車にステータスを感じない世代や堅実な消費を行う層などにとってはカーシェアリングの方が経済的に優れた選択肢となる。個人どうしで車を共同利用するCtoC型のカーシェアリングもあり、例えばエニカがある。海外ではUberやGrab、Lyftといった「ライド・ヘイリング」というタクシーと同様のサービスが個人事業者によって提供されている。いずれもアプリを利用することで従来のサービスよりも利便性や料金の透明性が向上している。

これらに共通していえることは、多くの人々が使えば使うほど共同利用する車の配備数が増えてさらに利便性が向上するため、サービス化へのシステム転換は成功すると雪だるま式に普及していく。国際的にみれ

図5－2　米国ワシントンDCにおける自転車や電動キックスケーターのシェアリング・システム

ば、車の他にも自転車や電動キックスケーターなどのシェアリングも国際的に広まっている（**図5－2**）。バスや電車などの公共交通機関が整備されていても、徒歩で移動するには大変な区間を移動する場合に威力を発揮する。スマホのアプリなどで簡単に駐輪場所を探したり、支払いを済ますことができる仕組みとなっていることが多い。最初の心理的ハードルやアプリのインストールの手間はあるが、慣れると便利な移動手段となる。新しい仕組みを経験できることや肌で都市の様子を感じることができるため、観光都市などを中心に世界的に広がっている。

③場所やスペースのシェアリング・ビジネス

場所やスペースに関するビジネスモデルとしては、シェアオフィスのシェアリングや会議室のレンタルがある。レンタル会議室は以前から存在していたが、スペイシーや会議室.comなどのように貸し手と借り手をつなぐ情報プラットフォームが登場することで、十分に活用できていなかった場所を提供する側にとって参入がしやすくなった。利用者は、多くのウェブサイトにアクセスすることなく、ワンストップ・サービスで各地にある多様な会議室が利用できるようになった。また、シェアオフィスは、自前のオフィスを持たなくても法人の登記を行ったり、郵便物を受け取ったりすることの不都合がなくなり、また、そのようなことを行っている企業に対する不信感がなくなったりしていくなかで、シェアオフィスのビジネスが拡大してきている。オフィスは所有しなくてよいという脱物質主義的な面もあるが、スタートアップ企業にとっては起業のハードルを下げる効果があり、経済合理性を追求する帰結としての重要な選択肢になっている。さらに、2020年以降のコロナウイルスの感染拡大によって自宅勤務を強いられ、オフィスの必要性についての基本認識が大きく揺さぶられるなか、オフィスをもたなくなった企業や、オフィスは持つが複数に分散させてサテライト型にする企業などが登場している。事業者側だけでなく働く側のニーズや働き方へのインパクトをもたらすものとして、さらなる変化が起こりえるだろう。

ところで、シェアリングは人々が協力しあうという意味において、その活動にコミュニティ的な価値を見出すことがあった。しかしながら、近年隆盛しているシェアリングは、合理性や利便性、ビジネスチャンスといった経済システム的な視点が強く、コミュニティ的な発想は一部の例外を除いて弱まってきている。

④サブスクリクション

サブスクリプション、略して「サブスク」と呼ばれる毎月決まった額でモノやサービスを利用できる定額制のサービスも、衣服やバッグ、家具・家電、自動車、オフィス家具など、さまざまなモノに導入されている。各人がモノを所有するのではなく、1つのモノを多くの人で効率的に利用（シェア）することで、一定の資源削減効果が期待できる。さらに、モノの管理やメンテナンスなどの作業からも解放される。昔ながらの「置き薬」もサブスクの一種であり、事業者が各家庭に配備した置き薬に対し、生活者は必要な分だけを使い、その使った分だけの薬代が請求される。薬の追加は消費者が行わなくてよい。近年のサブスクの事例を挙げてみると、例えば、衣服のサブスクにはエアークローゼットやメチャカリなどがあり、月額料金などを支払うことで、オフィス向けの多様な衣服や人気トレンドの衣服を借りることができる。気に入ればその服を買い取ることが可能なところも多い。家具・家電については、エアルームやサブスクライフなどのおしゃれな家具などをサブスクするサービスがある。転居やライフステージの変化などにも柔軟に生活を変えていくことや気分転換をしたい、あるいはいろいろな生活をしたうえで自分にあったものを見つけたいというようなニーズにも応えることができる。無駄に買わないというだけでなく、生活の質を向上させる工夫や手掛かりがあることには注目しておきたい。

サブスクは、映画や動画、音楽、雑誌・書籍・マンガの配信サービスの方が多くの人々に認知されていることだろう。脱物質化という観点からこれら商品のビジネス形態を区分すれば、CDやDVDを形ある商品として購入していた形態、それら商品をレンタルする共有・共同利用の形態、そして、ディスクやケースすらもなくしてしまうという配信の形態という3つの形態があり、サブスクは最後の形態に該当する。配信の形態には、電子書籍のようにペーパーレス化し、購入した特定の電子情報（書籍）のみへのアクセスができるものと、ある定められた範囲の電子情報であれば自由にアクセスできるもの（例えば、週刊誌や月刊誌のサブスク）に二分することができる。一定料金で多くの電子情報にアクセスできるサブスクはデジタルネイティブの世代にとっては当然のようになってきている。

なお、脱物質化の面では両者ともに同様の効果をもたらすが、前者であれば個々の書籍の良し悪しが消費者に評価されるのに対して、後者であれば書籍のセレクションが評価されるため、影響の程度は不明であるが、執筆者と提供事業者との関係性に長期的な影響がでるだろう。長期的な著作創造への悪影響がでないような配慮もされていくことが望まれる。さらに、サブスクは契約が自動更新されることが多いが、解約の仕方がわかりにくく消費者の意図に反して支払いがされたなど、解約にかかるトラブルも多く、法改正などによる対策が進められている。

加えて、脱物質度が高い「配信」の形態が可能な商品は限られてしまうこと、ならびに通信網やそのためのルール（通信プロトコルなど）といったハードとソフトのインフラが必要であることには十分留意しておく必要がある。既に述べてきた情報プラットフォームにもあてはまることであるが、インフラが変われば消費と生産の形態は変わるのであり、省資源や脱物質化をもたらすインフラはどのようなものかを考えていくことは一見目立たないが大きな影響をもたらす。また、全体を俯瞰してみれば、従来よりも脱物質化が進んでいる消費者の部分と従来よりも多くの資源を投入している部分（プラットフォームなどのインフラ整備など）があることにも注意が必要である。見えにくいだけでより多くの資源消費をしている可能性がありえるためである。

⑤チラシの電子配信

配信という形態に属するサービスとして、その他にはチラシ・アプリ（例えば、「Shufoo!」や各小売業者のアプリなど）がある（**図５－３**）。紙ごみは一般廃棄物のなかで多くを占める三大組成の１つであるが（他の２つは生ごみとプラスチックである。）、チラシのアプリを使えば、大量のチラシが不要で、スマホなどで必要な情報を確認できる。実物のチ

メリット
（利便性）
✓ いつでもどこでも見れる
✓ 速報性がある（前日晩からチラシを見れるので、買い物計画を立てやすい等）
✓ 紙チラシにはない検索機能が使える
✓ 注文・配送サービスなど、他のサービスに簡単にアクセスできる
✓ チラシのごみ出しの負担が減る
✓ 広告主のコストが約３分の１
（環境面）
✓ ごみを減らせて環境負荷を低減できる

デメリット
（利便性）
✓ 紙のチラシより一覧性が悪い
✓ デジタル機器に慣れていないと使えない・使いにくい
（環境面）
✓ 電力消費の分だけ環境負荷が増える（ただし、全体への寄与は小さい）

図５－３　チラシ・アプリ Shufoo! の利用画面とメリット・デメリット

ラシでないとやっていけないという固定観念を拭い去れるかという「認識上の転換」が普及拡大の鍵であったが、人々が電子情報に慣れ、紙での新聞購読をしなくなっている世代が増えている現在となってはこの問題は解消されつつあると思われる。デジタルだとチラシ情報の一覧性は劣るものの、商品検索ができる点や購入した食品のレシピ情報や贈答品の発送などの他のサービスにつなげることが容易であり、家にたまってしまうチラシの紙ごみを捨てる煩わしさからも解放されるというメリットもある。

（４）取り組みを展開・発展させていく際の留意点

以上の新たな動向のいずれにおいても、モノや空間を個人や個社で所有しなくてもやっていけるという認識上の転換が大切となる。また、慣れること、慣れるまでに不便さを感じさせないことに加え、これらのサービスビジネスを用いることが自分により合ったライフスタイルを過ごすことにつながるというニーズを満たせるかも重要な要素である。

最後に、環境負荷が本当に減るかはきちんと吟味をしていくことが大切であることを指摘しておきたい。まず、脱物質化と環境負荷の低減は必ずしも一致するとは限らない。モノを所有しなくとも非常に利便性が高まった状態では、より長い時間モノやサービスを使うことになり、それによる環境負荷が脱物質化による効果を打ち消してしまうことがある。使用時の環境負荷が大きい製品（例えば家電や車）については注意が必要である。また、モノを利用場所まで運ぶことによっても環境負荷は増加する。衣服のサブスクでは、配送と返却による環境負荷の増加に加えて衣服のクリーニングによる環境負荷の増加もある。消費形態によっては、資源削減効果も思ったほどない可能性もあるので注意が必要である。

次に、モノを所有しないサービサイジングによる脱物質化の要点の一つは、その都度、利用する必要性を考えることによって資源消費量が適正化・合理化されるように作用するところにある。しかしながら、その都度の利用に対してサービス料を支払う形式でないサービスビジネスだと（たとえば、使い放題の料金設定）、むしろより多くの環境負荷を引き起こすことも考えられる。

このようにサービサイジングは、脱物質化による環境負荷低減をする可能性を有する社会システム転換の活動であるが、環境負荷が増加する可能性もあり、環境面からは是々非々で評価・導入判断をしていくべきものである。

【参 考 文 献】

Menzel, P.（1994）Material World: A Global Family Portrait, Sierra Club Books（マテリアル ワールド プロジェクト、ピーター・メンツェル（著）、近藤真理・杉山良男訳『地球家族　世界 30 か国のふつうの暮らし』TOTO 出版）

エコロジカル・フットプリント・ジャパン（2022）（https://ecofoot.jp/）

朝日新聞（2019）（時代の栞）「『捨てる！』技術」 2000 年刊・辰巳渚　モノと豊かさと私（2019 年 07 月 17 日朝日新聞夕刊Ｆ水曜２面）

Belk, R.W., Eckhardt, G.M., Bardhi, F.（2021）*Handbook of the Sharing Economy*, Edward Elgar Publishing.

◇5－4　ローカルが主役の次代をつくる

石田秀輝

地球環境問題の本質は人間活動の肥大化であり、それを心豊かに停止縮小（縮減）し、1つの地球で暮らすことが求められている。縮減に求められる新しい資本論のかたちとそれと連動する暮らし方や産業の在り方を考えたい。

（1）あれから50年・・・

①持続可能な発展への挑戦

1972年3月、D. H. Meadowsらによる『The Limits to Growth』（成長の限界）が、出版された。3000万部のベストセラーになったこの本の主題は、システム・ダイナミック理論に基づき、「人口増加や環境汚染などの現在の傾向が続けば、100年以内に地球上の成長は限界に達する」というものであった。同じく1972年に「人間・環境経済会議」がストックホルムで開催され、環境運動が活性化され、日本では環境庁設置や環境規制などを後押しした。1987年には、ブルントラント委員会（環境と開発に関する世界委員会）が、報告書「Our Common Future」の中心的な考え方として「持続可能な開発」という概念を定義した。1992年リオデジャネイロで開催された国連環境開発会議（リオ・サミット）では、「気候変動枠組み条約」「生物多様性条約」「森林原則声明」「アジェンダ21」が採択された。同じく1992年『The Limits to Growth』出版から20年を経て、D. H. Meadowsらによって『Beyond the Limits』（限界を超えて）が出版され、物質的増大と科学技術の進歩や生活の充実・人間の進歩とは分離することが可能であるという認識に基づき、産業構造システムそのものを改造する必要に迫られていることが明らかにされた。2002年に開かれた「持続可能な開発に関する世界首脳会議」ヨハネスブルグ・サミット（リオ＋10サミット）では「持続可能な開発に関するヨハネスブルグ宣言」が採択され、企業がサステナビリティ報告書（日本ではCSRレポート）を出す方向に向かい、環境だけでなく、人権や平等などにも目に向ける行動が進み始めた。2012年「国連持続可能な開発会議（リオ＋20）」では、ミレニアム開発ゴール（MDGs）の後に続く政策の方向性として「持続可能な開発目標（SDGs）」の構想が打ち出され、2015年にはSDGsが批准された。

②それでも限界状態にある社会

このように、濃淡はあるにせよ、未来の人類のため、持続可能な社会を創る努力は世界的な規模で続けられ、現在に至っているものの、持続可能な社会に近づいているという実感は残念ながら稀薄である。

持続可能性（サステナビリティ）とは、「成長の限界」で示された、行き過ぎた成長の結果、減衰あるいは崩壊に向かうシナリオを回避するということではあるが、指数関数的な成長を続ける限り、限界は次から次へと訪れる。この50年間で、人口は2倍以上、世界GDP（実質ベース）は約4.5倍、そして資源や汚染の量もGDPにほぼ近いペースで増加し続け、地球環境への再生不可能資源の利用負荷や汚染は、いくつかの分野ですでに限界状態にある。

③未来の豊かさはローカルに眠っている

今後成長を続けるということは、たとえ年率2％成長であったとしても、35年で今の2倍に、70年で今の4倍、そうなると、21世紀の後半にはさらなる限界、多重な危機が訪れるのを回避するのは不可能ともいわれている。

本当にそれは正しいのか、豊かさと地球環境は両立できないのか？これに解を出すことが今求められているのである。そして、その解はローカルが豊かになるという思考の中に眠っているのだと確信している。

（2）サステナブル社会創成のために、今何が問題なのか？（現状認識）

サステナブル社会創成のために、今考えなければならないことは２つある、一つは地球環境が（人類にとって）限界状態にあること、そして、さらなる一つは、経済システムが限界状態にあることである（**図５－４**）。人類が経験したことのない、この２つの限界に同時に共通した解を提示しなければ、次なる定常化社会への移行はできない。

①地球環境の限界

地球上の生物の総重量は１兆1000億トンあるが、人間が生み出す人工物の総量が2020年12月にそれを超え、さらに毎年300億トン—毎週世界中のすべての人が自分の体重以上の人工物を生み出しているのと同じ—を生み出し続けているという、アントロポセン（人新生）の環境危機である。その結果、多くの地球環境問題の中でも、気候変動、生物多様性、マイクロ・プラスチック問題は地球の修復能力をすでに大きく超えており、2030年頃までに方向付けする必要がある。

この危機を乗り越えるために2050年を目指して日本を含め世界の124カ国（2021.01）がカーボンニュートラルを宣言しているが、自然界での炭素は主に太陽エネルギーを駆動力として完璧な循環を持つのに比

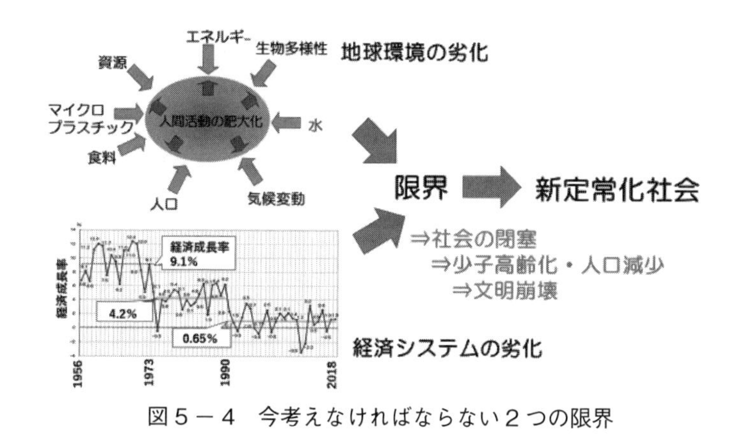

図５－４　今考えなければならない２つの限界

べ、人工物はほとんどの場合、つくる時、運ぶ時、使う時、そしてその寿命を終える過程で炭素は循環せず、蓄積してしまう。それが温暖化という気候変動につながり、さらには生物多様性の劣化にも大きく影響している。現に、この50年間で地球上の脊椎動物は68%減少、昆虫はこの27年間で最大75%減少した。昆虫がいなければ90%以上の植物は受粉出来ず、植物がいなくなればほとんどの動物は生きていられない、人間もである。プラスチックに関しては、そのほとんどが石油資源に頼っている。人工物であるがゆえに、自然界では容易に分解されず、色々な意味での汚染源となっている。年間800～1300万トンにも及ぶ海洋流出プラスチックは海洋生物の大きな脅威となり、紫外線劣化や波の物理的作用で粉砕されたマイクロ・プラスチックは、海底に堆積しているPOPs（残留性有機汚染物質）を高濃度に吸着し、魚がそれを食べ、その魚を人間が食べることによる機能障害がクローズアップされてきた。さらには、マイクロ・プラスチックは既に空気中にも浮遊しており、世界中の人々が毎週クレジットカード1枚分に相当する5グラムのマイクロ・プラスチックを摂取している可能性も指摘されており、「マイクロ・プラスチックがすでに人体に影響を与えていると考えるべきである。免疫システムに悪影響を及ぼし、内臓のバランスを乱す可能性がある（ジョンズ・ホプキンス大学）」との指摘もある。だからこそ、カーボンニュートラルが不可避なのである。

カーボンニュートラルとは、人為的に排出する炭素量と主に地球が吸収する量（海洋、陸地）が相殺され、収支ゼロになるということである。それが崩れ、排出量が吸収量を上回れば地球の平均気温が上昇し、気候崩壊が起こり現在の文明を維持することが出来なくなる。

気候変動という視点では、IPCC第6次評価報告書のうち、第1作業部会報告書が2021年8月に発表された。前回の報告から6年が経過したが、この間に気候変動はますます重大な局面を迎えていることが明らかになってきた。現在の文明を維持するには、産業革命以前に比べて気温の上昇を1.5℃未満に抑えなくてはならない（現在すでに1.07℃上昇）。では、1,5℃未満に抑えるためにはどれほどの努力が必要なのだろうか。多くの国が2050年カーボンニュートラル宣言を行っているが、気候変動に関する政府間パネル（IPCC）の報告書では、それでは間に合わない現実を突きつけられた形である。1.5℃未満に抑えるためには（確率67%で）二酸化炭素換算で約4000億トンの温室効果ガス排出量しか猶予がない。現在、世界では年間約335億トン（2018）を排出し、その量は年々増加しており、このままでは単純に計算しても猶予は12年ほどしかないことになる。2050年ではなく、遅くとも2040年にはカーボンニュートラルを達成しなくてはならないということになる。

②経済システムの限界

もう1つの大きな問題は現在の資本主義（新自由主義の中の極端な形である市場原理主義）そのものが限界にあるという事実である。アベノミクスの6本の矢はどこに飛んで行ったのかわからず、異次元の金融緩和は功を奏さず、何をやっても経済成長にはつながらず、日本は1991年のバブル崩壊からこの30年間のたうち回っている。なぜか、1つは経済成長神話である。現在の資本主義はGDP成長を暗黙的に絶対善とみなす特殊な形而上学の上に成立している。そのため、短期的な利潤が得られる目先の成長戦略ばかりが重用され、例えばDX（デジタルトランスフォーメーション）、グローバルなどという言葉が繚乱している。農業であれば、食料自給率が38％と危機的状態であるにもかかわらず、輸出に強い農業は支援するが、主食を支える農家には実質的な減産を強いるような戦略がまかり通る（農業白書2021.05）。その結果、「農」の劣化は無論のこと科学技術立国を標榜しながら半導体もワクチンも作れない国になってしまった。そして、この30年間の平均経済成長率は0.65％（1991-2020）で先進国最下位（内戦国並み）である。

現在の資本主義の形態が構造的に限界にあることは明らかであるが、さらに重要なことは、現在の経済システムでは「環境と経済は両立しない」ということである。最近、経済学者の多くの本がベストセラー入りしているが、そのほとんどは現在の資本主義を否定するものばかりである。それは、地球環境と経済成長は表裏の関係にあり、現在の資本主義の延長で経済成長を目指せば、地球環境はさらに劣化するということを明確に示している。要するに、過去の成功体験は役に立たないということであり、現在の延長上に持続可能な社会は存在しないのである。否、強引にそれを進めようとすれば更なる地球環境の劣化を招くことが明らかになったということなのだ。

③テクノロジーが未来を創るのではない

では、未来の子供たちにワクワクドキドキする心豊かなバトンを手渡すためにはどうするのか。それこそが、後に詳細を示すが、ローカルが豊かになる教科書をつくることだ。もう1つ重要なことは、このようなイノベーションはテクノロジーでは興らないということだ。未来の子供たちに手渡すバトンとは、あらゆるものが循環するものづくり、暮らし方のかたちを創り上げるしかないのだ。間違っても何か革新的な技術がこの問題を一挙に解決してくれるなどと思うなかれ。テクノロジー進歩の歴史は、それが出来ないことをすでに証明している。古くは1865年の石炭問題（ジェポンズ）に始まり、最近では2009～2011年に日本で行われた家電エコポイント制度に明らかである。エコ・テクノロジーの市場投入が環境負荷の低減には何ら役に立たず、エコ商材が単に消費の免罪符となったのである（エコ・ジレンマ）。

カーボンニュートラルを目指すということは、従来の化石エネルギーに変わって再生エネルギーを導入したり、車を電気自動車に変えたりというような、単純なエコ・テクノロジーへの置き換えでは到底果たせないことは明らかである。何かと何かを置き換えるテクノロジーは必ずエコ・ジレンマを興すのである（石田秀輝・古川柳蔵、2014）。

④縮減する豊かさをつくる

重要なことは、対処療法的にこれらの問題に向き合うのではなく、その本質にしっかりと正対することである。本質とは何か？　それは人間活動の肥大化がこれらの問題を起こしているという事実である。この100年で人間がつくった人工物の量は32倍に増え、2020年12月に生物総重量の1兆1000億トンを超えた。このままでは2040年には2兆トンを超える勢いで増え続けている。ほとんどの人工物は地下資源・エネルギーを原料につくり出され、それはまさに自然を破壊し二酸化炭素に代表される温室効果ガスを吐き出し続け、人工物のほとんどどは最終的にはごみになってしまう。一方で、この100年間で人口は4.9倍に増加した。

人口の増大より遥かに大きな勢いで人工物をつくり、それが経済を、人を豊かにするのだと思い込ませるために資本主義は進化（？）し、結果として経済的な豊かさを求めるために、自分の首を自分で締め、未来の子どもたちのことなぞ何も考えず、今を快楽的に、さらには今を自分だけ豊かであればよいのだ（自国・自分ファースト主義）と煽るのが今の資本主義なのである。

生物総重量の1兆1000億トンは、主に太陽のエネルギーだけで完全な循環をしていて一切ごみを出さないが、我々は人口増加速度の6倍を超える勢いで最終的にはごみになる人工物をつくり続けているのだ。そして、その人工物は自然を破壊することによって生まれており、それを煽っているのが今の経済システムなのだ。これこそが地球環境問題の本質なのである。

では環境と経済を両立させ、未来の子どもたちに手渡せるバトンをつくるためには何を考えなければならないのか？　それに求められる最も重要なキーワードは「縮減」である。縮減とは1つの地球で暮らすということ、それは、自立し、あらゆるものを循環させるということでもある。それによって、地球環境負荷は下がるが、同時にそのドライビングフォースとなるあたらしい経済システムも必要となる。それは現在の資本主義の延長線上にはないものでもある。

一方では、縮減が我慢になってはならぬ、色々なものがぐるぐる回り、循環する、それによって人が豊かになることが「縮減する豊かさ」なのだ。未来の子供たちに手渡すバトンとは、あらゆるものが循環するものつくり、暮らし方のかたちを創り上げるしかないのだ。

（3）厳しい制約の中で心豊かに暮らすということは？

①思考の足場を変える

循環しない暮らし方や循環しないものつくりからの離脱に必要とされるのは足場の大きな変更である。カーボンニュートラルという厳しい制約のなかで、どうやってワクワクドキドキ心豊かなライフスタイルを生み出せるのか、そしてそこに必要なテクノロジーやサービスが何かを考えねばならないが、それは思考の足場を少し変えること（バックキャスト思考）で見えてくる（石田秀輝・古川柳蔵、2018）。

我々の思考は基本的にはフォーキャストである。今、目の前にある問題を考え、そこにある制約を排除するという思考である。では地球環境問題は排除できるのか？　もちろん不可能である。そんな時にはバックキャストという、制約を肯定する思考を採用せざるを得ない。単純な例で言えば、居間の電球が一個切れたとしよう。フォーキャストなら、制約を排除するので切れた電球を新しいものと交換することになり、バックキャストなら、切れた電球を受け入れて、たとえば、「1つくらい切れても全然問題ないね、たまには全部消して、窓を開けて風の匂いや虫の音を聴いてみよう・・・」そんなライフスタイルをイメージ頂ければよい。

②依存と自立の間を埋める

詳細は別に譲る（石田・古川、2014）が、6000を超えるバックキャスト手法で描いたライフスタイルの社会受容性研究や90歳ヒアリングによる日本の文化要素の研究から「心豊かに暮らす」という構造が少しづつ見えてきた。今、我々は依存型の社会に居る、それは、「あなたは何もしなくて良いのです、テクノロジーやサービスがすべてを代行します」という物質型の社会である。ブレーキを踏まないでも止まる車、全自動の何とか… 物質的に飽和している今、これでもか、これでもかと次から次へと新しい商材を口に詰め込まれるような時代に生活者がストレスを感じていることは間違いなく、今、多くの人が求めているのは自立型の社会なのだ。その究極は自給自足であるが、それは極めてハードルが高い。依存型の暮らしをしてきた人にとって、それは全く不可能ともいえる暮らし方のかたちなのであるが、実は、この依存と自立の間に大きな隙「間」が空いている、このエリアこそが宝の山、未来社会が求めているテクノロジーやサービス、さらには未来研究の種の宝庫なのである。この「間」は、ちょっとした不自由さや不便さ（喜ばしい制約）を、個（人）やコミュニティの智慧や知識・技で埋めることにより、その結果、愛着感や達成感、充実感の生まれる暮らし方を生み出す社会なのである（Ishida and Furukawa 2013）（**図5－5**）。

たとえば「間」を埋めるテクノロジーとは、自らが主導的に関与するテクノロジーであり、テクノロジーに使われるのではなくテクノロジー

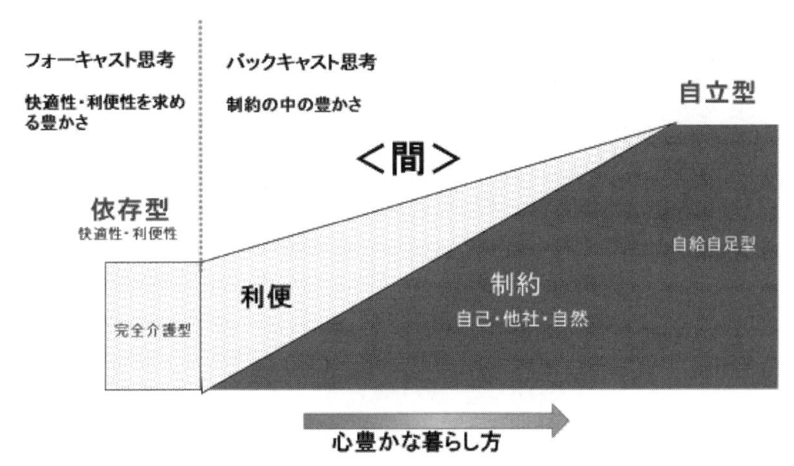

図5－5 「間」を埋める、心豊かな暮らし方のかたち

を使い切るということでもある。人工知能（AI）恐怖という言葉が流行ったが、AI が進歩すれば、我々の仕事がどんどん奪われ、2045 年頃には人間を超えた AI が生まれる（シンギュラリティー）という恐怖である。これはまさに依存型の社会視点（テクノロジー・オリエンテッド）である、すなわち AI に何が出来るかを徹底的に追及した結果であり、それは物質型社会で培われた、テクノロジー絶対善的思考である。それを「間」という概念で考えて見れば「AI に何をしてもらおうか？同じ繰り返しのこの面倒くさいけど複雑な計算は AI に任せて、その結果に基づくクリエイティブな仕事は私にお任せ！」というヒューマン・オリエンテッドという世界が見えてくる。教育という視点で考えれば、自分で考えて行動し、その結果に基づいてさらに考えて行動する、ということであるから、これはまさに非認知教育そのものである。

すでに、この間を埋める色々なアクティビティ－は予兆として見えてきた。車から自転車へ、家庭菜園、週末アウトドア、DIY・・・すべて、ちょっとした不自由さや不便さを自分や仲間の知恵・技・知識で越えることにより、達成感や充実化、そして愛着を生み出す楽しさを創り上げているのだ（石田、2015）。

（4）コロナ禍が「間」を埋める「個のデザイン」を炙りだした

①コロナ禍が炙りだした個のデザイン

ちょっとした不自由さや不便さを超えることで「達成感」「愛着感」「充実感」が生まれることは明らかになったが、それをどのような形で社会実装できるのか？　今回のコロナ禍の３密という制約の中で多くの人たちがそれに挑戦し、具体的な形を生み出していることが明らかとなった。

2020 年４～７月に 300 人近くの方々にインタビューを行い、３密という制約の中で多くの人たちが、心豊かな暮らしを見つける努力をしていることが明らかになった。インタビューから、その暮らしをつくっている200超のキーワードも採集できた。それは、テレワークが地元や家族の再発見につながり、自分時間や家族時間を大切にし、ワークとライフが重なる暮らしを楽しみ、近所にある小さな自然が愛おしく思えるようになり、文化が人にとっての生命維持装置だったと認識し・・・というような従来の延長ではなく、全く新しい暮らし方の視点であった。

江戸末期から明治維新にやって来た多くの外国人が絶賛した日本文化の根底には「地域」（支え合い、協働、行事）・「家族」（思いやり、役割、伝承）・「自然」（活用、備え）の強い連携があり、その結果、生産や商売という概念が成立するという連関があった。この30年を振り返ると、特にこの「地域」・「家族」・「自然」の劣化が現在の多くの混沌を招いたことは一つの要因として間違いのないことだろう。そして、その重要性が今回のコロナ禍で明確に認識されたのだと思う。

この調査で、２つの大きな学びがあった。１つ目はライフがワークの形やビジネスの形を変え得ることが明らかになったことである。哲学者フリードリッヒ・ヘーゲルが「人類は究極的な目的（自由の理念の実現）に向かって進歩し続ける」と言ったというが、まさに横並びではなく、個（個人・家族・関係者・小さな行政。小さな企業）として、個性や身の丈に合った色々なことをデザインする「個のデザイン」という概念が炙り出されたのである。個で暮らしをデザインする、個で仕事をデザインする、個で学びをデザインするという新しい潮流が動き始めたのである。２つ目は、このコロナ禍で温室効果ガスの排出量がおよそ30％（米・英、日本も筆者の計算ではほぼ同量の削減があった）近く削減されたことである。30％削減のために最先端テクノロジーが投入されたわけでもなく、（日本の場合）ロックダウンが適用されたわけでもない、自らの意思で色々なものをデザインした―個のデザイン－結果なのである（石田秀輝・Food Up Island 2022）。

ちょっとした不自由さ（喜ばしい制約）を個（人）やコミュニティの技や知識や知恵で乗り越える、これこそがコロナ禍が教えてくれた次代のイノベーションと言えるのだろう。コロナ禍で、我々は自分たちの意思で行動変容を起こせる（個のデザイン）ことを明らかにした。3密という制約を達成観や充実感、愛着感に変えられることを証明したのである。これこそが、世界はドラスティックに変えられ、未来の子供たちに、心豊かな暮らしという素敵なバトンを手渡すことが出来ると確信した。その新しい達成感や充実感は、自然を基盤とした自立コミュニティにあり、それはちょっとした不自由さや不便さ（喜ばしい制約）を、個やコミュニティの知識、知恵、技で越えるところに生まれる「間」である。今こそコロナ危機をチャンス（加速器）にしなくては未来の子供たちに手渡すバトンがつくれなくなるのだ。

② 2030年の未来社会が見えてきた

コロナ禍での300人近くの方々へのインタビューから3密という制約の中でも心豊かに暮らすための200を超えるキーワードを見つけた。このキーワードをいくつか組み合わせることで2030年の未来のライフスタイルを300以上描いた（温室効果ガスを30％削減できた―2021年3月までの日本の2030年目標は2013年度比－26%―ので、これを2030

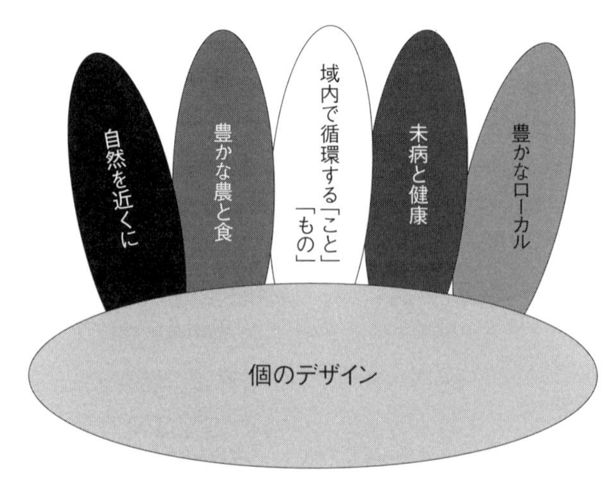

図5－6　2030年の社会構造

年の未来と名付けた)。ライフスタイルの集合体が社会を形づくるので、ランダムに50個程度のライフタイルの塊をいくつもつくり、その未来社会に求められるシステムを考えることにより、100を超える未来社会のキーワードを見つけ出した。このキーワードを組み合わせることで、2030年の未来にあり得る90近い社会が見えて来た。それは、「個のデザイン」というプラットフォームに5本の柱がしっかりと根付いているようなものだった(**図5－6**)。

5本の柱とは具体的には次のことである。

1. 「自然を近くに」自然と人との関わりがとても強くなり、生活の中に自然が当たり前にある。
2. 「豊かな食と農」食や農に対する関心が非常に高くなり、農と食が連続している社会が求められる。特にカーボンニュートラルやネイチャーポジティブ(自然のことをいつも考える)という制約の中で輸入や輸送を前提としない食の在り方や自然との関わり方が問われる。
3. 「域内で循環するものやこと」 小規模(地域)自律分散型の社会が基本となり、その域内で色々なものやことが循環し、域外に分散している社会とは緩やかにつながっている。
4. 「未病と健康」未病や健康が大事にされ、高齢化社会においても多くの笑顔が溢れている。
5. 「豊かなローカル」社会は小規模自立分散型となり、都会とローカルの境界は希薄になり、ローカルが主役の時代になる。

例えば、域内で循環する「モノ」「コト」では、家電製品も服も持たない暮らしがあり、モノの使用状況によって課金され、どのように使用されたかは、モノに組み込まれた情報端末によって管理される。一方では、おじいちゃんにもらった懐中時計、古いけどたくさんの思い出のある車などを大事に丁寧に使い、維持して行く文化もそこにはあり、趣味としての小物や、家の家具を家族やコミュニティでつくるDIYをサポートする匠やシステムも共存する（「個のデザイン」）ような社会が見えてくる。

（5）サステナブル資本論を考える

① 2030年の社会構造を支える資本論

「縮減」する社会に求められる経済システム、すなわち2030年の社会構造を支える資本論とはどのようなものだろうか。先述したように、現在の経済システム—新自由主義の中でも極端な市場原理主義—はすでに限界状態にあり、さらに現在の経済システムでは、環境と経済は表裏の関係にあり、その延長に未来はない。

では、どのような視点で考えるべきか？『経済的進歩の諸条件』で経済学者のコーリン・クラーク（コーリン・クラーク、1941）は産業を一次、二次、三次に3分類し、経済発展につれて一次産業から二次産業、三次産業へと産業がシフトしてゆくことを示した。ここには、経済発展（資本主義）とは、時間という一次元での効率追求という概念が不文律として存在しているように思う。すなわち、木を植えると収穫までに60年が掛かる、おまけにその間、毎日のように手を掛ける必要がある（一次産業）、地下資源・エネルギーを使って、高温・高圧でものをつくれば分業制で数日で処理可能である（二次産業）、さらに情報のような非物質を大量のエネルギーを使って瞬間的に生産処理する（三次産業）という具合だ。そして、産業構造が一次から三次産業に向かうにつれ修復不可能なほどの環境劣化を生み出してきた。

経済学者のジョン・スチュアート・ミルは「経済成長と人々の豊かさは一次の相関になく、経済が右肩上がりでなくても人々が生き生きしている定常状態を考えるのが経済学である」とし『経済学原理』を著し、定常状態を支えるリベラリズムの立場にたった。宇沢弘文は「経済学とは人を豊かにするためのものであり、経済と人をつなぐものが社会的共通資本」だとした。時間軸での効率を追求するのではなく、もう一度原点に戻るべきなのではないかと思う。すなわち、資本主義とは「資本の無限の増殖活動」であり、人間はそのシステムに組み入れられ、パーツとなっているが、資本主義が人間の生徳性にかなっているなら人間は幸せになれるし、そうでないなら必ずどこかで病むことになる。今、求められているのは、資本の無限の増殖活動と正対する中で、人が幸せになり、地球環境と経済が両立できる資本論なのだ。

そのためには資本の再定義が必要になる、そもそも「資本とは循環・再生（グルグル回る）により、利益を生み出すもの」である。従来の経済的な視点のみに注力するのではなく、人的資本がグルグル回り、無限の増殖活動が続けば、コミュニティが生まれ、知性が生まれ、社会性が生まれる。自然資本では、生態系サービス（供給・調整・文化）が豊かになり、物的資本では自然資本の保全が盤石となり結果として生活の質が上がる。文化資本では、歴史が生まれ、金融資本では経済格差が是正される。さらに、各資本間での循環・再生が加われば、それはまさに一次、二次、三次産業という境界を失くした、新しい産業・文化構造を生み出すことになる。これを「サステナブル資本論」と呼ぶのは早計だろうか？

②サステナブル資本論と島暮らし

筆者は、2014 年 4 月、61 歳の時に奄美群島の沖永良部島に移住した。沖永良部島に観光客として最初に立ち寄ったのは１９９７年、それから毎年 3-4 回は訪ねていた。「島の何処がそんなに好きなのか」とよく聞かれるが、いつも「黒糖焼酎と自然と人」と答えていた。この答えも決して間違いではないのだけれど、2012 年から 2 年間にわたって行った我々の学術調査（90 歳ヒアリング）で、沖永良部島が日本でも稀なほど失ってはならない日本文化を色濃く残していることがわかり（石田 2021）、それならば、その中で持続可能な社会に求められる暮らし方のかたちを体験しながら未来のかたちを創りたいと思ったのが切っ掛けである。

島は周囲約60キロ、2つの町があり人口は1万3000人、発電所や総合病院も持っている。主な産業はサトウキビ、ジャガイモ、花卉などの農業である。合計特殊出生率は2.0を超えているものの、人口の流出は多く、2040年には消滅可能性のある自治体とされてもいる。2040年には日本の自治体のおよそ半数が消滅するとされているが、無論そんなことが起これば日本は立ち行かなるというより、日本そのものが消滅してしまう。東京の食糧自給率は1%をとっくに下回り、これからますます厳しくなる地球環境制約を考えれば、ローカルが豊かになることこそが最も大事な政策でなくてはならない。

移住してから始めたのが私塾「酔庵塾」である。島人を対象に毎月1度、持続可能な島にするために何を考えねばならないのかを考え議論する場である。1年間考えたことを年に一度のシンポジウムで島内外の方々にご披露し、頂いた意見を反映させ翌年の学びにつなげるという具合である。目的とするところは「子や孫が大人になったときにもワクワクドキドキ笑顔あふれる美しい島つくり」で、議論の過程を纏めてローカルが豊かになる教科書をつくり、南太平洋の島嶼国も仲間に入れて展開するのが夢である。

「このままでは人口が減少して島は消滅してしまう」、では人口を増やすため金銭的な優遇を、大企業の誘致をしよう・・・このようなフォーキャスト思考ではとても解は得られない。日本全体の人口が減っているのに、我が町だけ人口を増やそうとして金銭的な優遇をする、そのお金は町の財政から拠出する。人口減少で財政はどんどん逼迫するのに・・・これでは未来の子供たちに重荷を背負わせることになる。

「酔庵塾」では、人口が減ること（制約）を受け入れ、それでも笑顔溢れる島つくりを考えることにした、バックキャスト思考である。その結果3本の柱が見えてきた。1つ目は、地域内（集落）のことを自ら考え、決定し、実行する多機能小規模自治への移行、2つ目は、エネルギー、食、学び、経済の自足で、これによって島での仕事が増え、お爺も お婆も一生働き、お金を外へジャブジャブ捨てない循環が生まれる。そして３つ目は、島人が島の素敵を学び直す（島自慢できる人を育てる）ことである。そうすれば、お金が島の中でぐるぐる回り、仕事が生まれ、笑顔も増え、お金が外から入ってきて、人がやって来る憧れの島になるのではないか、結果として人口も増えるかもしれない。

島には、太陽の光／熱、サンゴの隆起した島なので年中一定温度の大量の地下水もあり、膨大なエネルギー源を持っているのだ、これを使わない手はない。お爺やお婆がつくる野菜を島全体で流通させることが出来たら、新しい換金作物の循環システムになるだろう。島には高校まであるが、大学に行こうとすれば島の平均世帯収入（約180万円）ではかなりの負担になる、では島に大学を創ろう、それも島のすべてをキャンパスにしてリーダーを育てるための大学を、ということで2017年に「星槎大学サテライトカレッジ in 沖永良部島」が開校し、2020年には第１号の大学院修了生も生まれ、さらに小中高校生の寺子屋つくりも始まった。大学の卒業論文テーマは「新規事業を提案し自分で運営する」ことにした。その応援資金準備のための財団設立準備委員会もスタートした。なかなか難しいのが、島自慢人を育てることだ。どう見ても圧倒的に豊かな自然なのだが、お爺やお婆には昔に比べてやせ細った自然しか残っていないと映るようだ。最近ではターゲットを変えて子供たちに島の素敵を教えるコミュニティースクール・システムを使っての活動も始めた。

こうした活動を伴う島暮らしは、お金が社会の中核をなしておらず、自然やコミュニティ、笑顔が社会システムの中核をなしている。それはまさに2030年の社会構造に近く、サステナブル資本論の原点にいるともいえる。このような伝統文化を大事に残しながら、それを個のデザインとともにオシャレに紡ぎ直すことこそが、人と地球を考えた新しい暮らし方と社会の形だと思う。

そして、未来の子供たちへのバトンつくりは、過去から学び、それを基盤に転換をマネジメントすることだとつくづく思う。

【参 考 文 献】

Natiogio2020.12.11　地球上の人工物と生物の総重量が並ぶ、研究、ナショナルジオグラフィック日本版サイト
https://natgeo.nikkeibp.co.jp/atcl/news/20/121100731/（2020年12月閲覧）
石田秀輝、古川柳蔵（2014）『地下資源文明から生命文明へ』東北大学出版会
石田秀輝、古川柳蔵（2018）『バックキャスト思考』ワニプラス
Emile H. Ishida・Ryuzo Furukawa　Nature Technology　Springer 2013
石田秀輝（2015）『光り輝く未来が沖永良部島にあった』ワニブックス
石田秀輝、Food Up Island（2022）『2030年の未来マーケティング』ワニプラス
石田秀輝（2021）『危機の時代こそ心豊かに暮らしたい』KKロングセラーズ

◇おわりに～転換を進める条件は何か？

白井信雄

（1）本書の重要なメッセージ

本書は、地域における人と社会の転換に関して、執筆者各自の研究や実践の内容を編纂したものである。転換に関する理論や仮説の証明を行ったものではない。しかし、書かれている内容を俯瞰し、帰納的に捉えると、人と社会の転換に関するメッセージを浮かびあがらせることができる。表層的な転換（単なる変化や改善）ではなく、今日の構造的問題の解決に迫る根本的な転換に関するメッセージを以下にまとめる。

①転換の考え方と捉える範囲

イノベーションが創出され、その普及と波及が進むことが転換ではない。転換とは、氷山モデルにいう構造やメンタルモデルが変わることである。平和学では、途上国の貧困層から搾取して、安価な商品を得ている状況を構造的暴力というが、構造的環境問題、構造的社会経済問題もある。この構造的問題に焦点にあてなければならない。

社会の転換は、それを担う人の転換と相互作用の関係にあり、社会と人の転換を一体的に捉える必要がある。転換を企図するコーディネーター自身の転換もあり、転換は関係者が響きあう共進的なものである。

地域はニッチなイノベーションを創出する自由で先導的な場としての可能性があり、とくに課題先進地と呼ばれる課題の克服の逼迫度が高い地域において、地域特性に応じた転換に活路を見いだす取組みが期待される。

地域からの社会の転換を図ろうとするならば、人の転換の相互作用も含めて、長期的・俯瞰的な視野でデザインを行うことが必要となる。つまり、地域における転換のダイナミズム（エコシステム）を構想することが求められる。

②転換の実践状況と道具

（第２章と第３章に示されているように）自らのライフスタイルを根本的に転換させた人、転換的なアクションに成功している地域は既にある。転換をした人は社会活動を生み出し、社会の転換の先導役になっていることも多い。転換は絵空事で実現不可能な夢物語ではなく、実現可能な行動の選択肢である。

持続可能な発展に向けた先進地域と呼ばれるような地域においては、地域住民のイノベーションの受容に役割を果たしてきたフロントランナーやコーディネーターなどにおける意識・行動の変容がある。地域の分析において、キーパーソンの変容を捉えることが重要である。

また、（第４章に示したように）転換のための道具やプログラムがつくられ、揺籃期ではあるが試行や実践がなされている。なりゆきの未来の予測、未来に向けた大胆な選択肢などの情報提供が効果的であるとともに、地域住民が考え方をリセットするワークショップの方法、計画を実践につなげる人の動員（巻き込み）が重要である。

地域間の取組みの情報を共有し、相互支援を図るオープンな情報共有のプラットフォームも、地域や人の転換を加速化させる道具となる。

このように、人と社会の転換に関する実践知は既に形成されつつあり、転換を支援する道具も開発されてきている。それらの活用がなされていけば、転換は円滑に実現可能である。

③転換の課題と克服

（第２章に示したように）人の転換については、失敗しても常にポジティブな精神を持つ人ばかりではないため、慎重に考えなければならない。人の転換においては、暮らしや仕事を手放すことによる痛みや転換後の行き詰まりや悩みなどがあり、誰でも彼でも転換の世界に飛び込めばよいものではない。

このため、１人ひとりに寄り添って、転換を支援する人（ロールモデル、ナビゲーター、パートナー、サポーター）の存在確保が重要である。生きづらさを抱える人にとっては、転換がづらさからの脱却（ウエルビーイング）につながる場合があるため、新たな生き方の選択肢の提供が有効である。

社会の転換においては、転換を阻害するロックイン、既得権域の問題がある。これは転換とは新しいもの（イノベーション）の生成・普及のプロセスであるともに、古いものを手放すプロセスでもあるためである。社会の転換によって痛みや悩みを受けるステークホルダーがいることも確かである。

このため、転換における弱者の視点を持ち、転換の社会的受容性を高めるための工夫が求められる。転換から取り残された人々が不利益を被ることがないように、誰もが転換のメリットを享受できるような社会にしなければならない。

人の転換、社会の転換を進める基盤となるように、転換の必要性や正当性を伝える啓発活動を展開し、転換や流動に対する文化的な寛容性を高めること、メゾレベルにおいて転換の痛みを積極的に支援する制度を設けることなどが考えられる。

また、転換への参画を当たり前のものとする基盤を形成するため、中高校生を対象にした教育が重要である。本書でも紹介している内発的動機づけを図るワークショップ、あるいは社会行動への参加を促すシビック・アクションに関する教育などの定着が期待される。

成人おいては、自己を俯瞰し、他者理解と内省により異なる考え方を統合していく自己転換型知性を１人ひとりが高めていくことが重要である。問題解決のために合意形成をあえて急がす、深い対話の機会を社会の中に位置づけていくことが求められる。

④転換が目指す社会の共有

（第５章で示したように）転換が目指す社会について、目標を設定し、そこからバックキャスト思考でアクションを生み出すことが必要である。しかし、持続可能性に関する制約を受け入れて将来目標を考えないと、夢物語を目指す思いつきの羅列になってしまう。考慮すべき持続可能性に関する制約とは人口減少、経済安定化、カーボンゼロ制約などである。

制約を考慮したうえで、さらに、転換後の社会目標に関する論点を掘り下げて検討しないといけない。曖昧な将来目標は曖昧なアクションしか生み出さない。

たとえば、サービサイジングによる需要が誘発されると環境負荷が増加するというような論点が提示された。服のシェアリングではクリーニングや物流の増加による環境負荷の増加も指摘されている。コンパクトシティ、サービサイジングなどの概念ありきで社会目標を検討するのではなく、専門的な知見を活用しながら、是々非々で将来目標を具体化する必要がある。

この際、転換の目標として、脱成長、脱エコロジー的近代化、脱中央集権、脱大企業主導などを持ち出すと異論もあるだろう。立場や経験によって考え方の違いがあるのは当然である。合意形成を急ぐことなく、考え方の違いを理解しあい、そのうえで各々が考え方の前提を問い直し、自己の拡張と深化を図るようなプロセスを丁寧にデザインすることが必要である。

（2）人と社会の転換・代替の動態モデル

序章において、地域でのイノベーションの創出とその普及・波及・伝搬によるボトムアップの転換を捉えるモデルでは不十分であり、人と転換（それと社会の転換との相互作用）、転換による古いものの代替（それによる転換阻害要因の解消）を組み込んだモデルが必要だと指摘した。これを受け取り、本書の内容を踏まえて、人と社会の転換・代替の動態モデルの大枠を作成したのが**図終－1**である。

このフレームを前提にして、人と社会の転換・代替を活性化させるための多層的なアクションの考え方を整理する。

①転換の起点：ミクロなレベルのニッチイノベーションの創出

転換の起点となるのは、やはり地域におけるフロントランナーによるニッチイノベーションの形成である。このフロントランナーは、既に地域での実績のある革新志向の有力者であるとともに、これまでの仕事や生活を変えていきたい転換予備軍の人であろう。革新志向の有力者あるいは転換予備軍が学習し、動きだす場をつくること、転換後の支援を行う仕組みをつくることが大切である。

また、地域のフロントランナーが動きだすためには、それを現場でコーディネートしたり、ワークショップのファシリテーションを行う人材が不可欠である。こうしたコーディネーターやファシリテーターが、転換の必要性や持続可能性に関する制約を学習し、転換のための道具を使いこなすことが期待される。

ミクロなレベルのイノベーションの創出においては、持続可能性に関

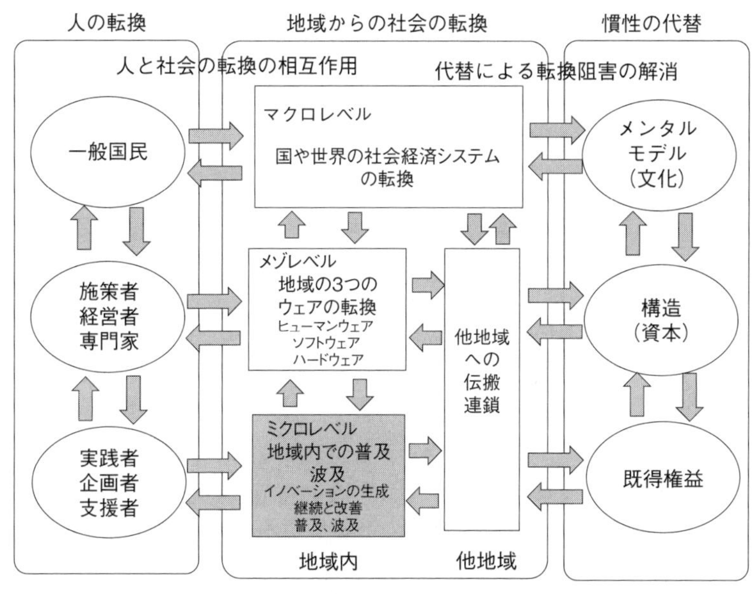

図終－1　人と社会の転換・代替の動態モデル

する制約を満たし、かつ心豊かな未来の地域の理想を描き、そこからのバックキャスティングでアクションを立案するプロセスを持つことが不可欠である。目先の地域課題の解決を出来るところから行うというスタイルは長期的に行う転換を先送りにしてしまうため、注意が必要である。

②ウエアの転換へ：ミクロな転換を受容・支援し、メゾレベルの転換を活性化させる

転換の支援者である施策者、経営者、専門家などもまた、自己転換が求められる。自らの仕事と対峙し、ミクロな転換の兆しを受けとめ、さらに積極的に支援する立場となっていくことが求められる。

その結果として、ヒューマンウエア（人の主体性や関係性）を高める施策を強化したり、転換の阻害要因となるソフトウエア（制度や仕組み）の柔軟な運用や撤廃も含めた改良を行うことが期待される。施設や技術などのハードウエアについても、ロックインの弊害を強く意識し、ロックインを仕方ないこととしない、柔軟な対応が求められる。

また、メゾレベルの支援者は、ミクロなレベルのコーディネーターやファシリテーターを支援すること、地域間のノウハウの共有するデジタルプラットフォームなどに積極的に参加することが重要な仕事となる。

③転換の基盤の形成：マクロなレベルの転換を当然のものとする教育

転換の阻害要因は一部の既得権益者のふるまいだけにあるわけではない。転換の必要性を受けとめ、転換に積極的に関わろうとしない一般国民の意識や行動こそ、マクロな意味での転換の阻害要因である。

このため、社会の構造的問題を学び、社会活動を体験し、社会に関わる行動の必要性や有効性の意識を高めるための実践的教育が必要である。

小学生、中高校生、大学生向けの学校教育、あるいは成人の転換学習を活性化させ、国民一人ひとりが人と社会の転換を人生のメインテーマにしていくように、人的基盤を形成していかなければならない。

④転換のための中間支援組織の必要性

転換のためのアクションの実効性を高めるためには、行政が社会転換

に向けた政策を位置づけ、推進者となることが望まれる。しかし、行政は短期的成果を求め、平均的な多数の住民のニーズの最大化を重視し、官僚的な行動様式を持つために転換の推進者にはなりきれない。このため、行政が中間支援組織など（トランジション・センター）を行政の外につくり、そこでコーディネーターやファシリテーターが仕事をしていくことが必要となる。地域の企業や市民活動団体、大学などの研究機関は中間支援組織の支援を得て、転換の推進者となっていくことが期待される。

（3）今後に向けて

本書の元となる環境新聞の連載は、新型コロナウイルスの感染拡大という想定外の災害の渦中に始まり、災害は収束していない中で終了となった。このパンデミックという災害は過度にグローバル化し、あらゆる活動が外部依存型になっている社会の問題を露わにしてくれた。パンデミック後の復興が刹那的な景気対策にならないように、本書でとりあげた転換の視点や方法を盛り込んでいくことが求められる。

編者として、最後にお礼を申し上げる。本書の出版に理解をいただき、執筆をいただいた著者の皆様のおかけで、転換という加速すべき重要なテーマに関する実践知を編纂することができた。また、本書のためのインタビューやアンケートに協力をいただいた多くの方々に感謝する。本書によって、多くの方々が人と社会の転換・代替を実現する可能性を受けとめ、気づきを得て、動きだすことになれば幸甚である。

持続可能な発展に向けて、私たちは地域から変わる、変えられる。

＜編著者紹介＞

白井信雄　（執筆：序―１、序―２、１－１、２－３、３－３、５－２、おわりに）

　武蔵野大学工学部サステナビリティ学科教授。シンクタンク時代の環境省、国土交通省、林野庁等の委託調査の経験を活かし、環境・サステナビリティ分野での実践を具体的に支援する研究・教育活動を展開中。単著に『持続可能な社会のための環境論・環境政策論』、『再生可能エネルギーによる地域づくり～自立・共生社会への転換の道行き』、『図解スマートシティ・環境未来都市』など。編著に『SDGs を活かす地域づくり～あるべき姿とコーディネイターの役割』、『気候変動に適応する社会』、『サステナブル地域論』など。他著作多数。

栗島英明　（執筆：４－１、５－１）

　芝浦工業大学建築学部建築学科教授。産業技術総合研究所ライフサイクルアセスメント研究センター研究員、芝浦工業大学工学部を経て2018 年より現職。専門分野は、都市社会地理学、環境政策、持続性科学。持続可能な都市・地域を実現するための各種研究（評価指標開発、ソーシャルキャピタル研究、消費者行動研究、地域人材育成プログラムの開発等）を進めている。

＜執筆者紹介＞（50 音順）

石田秀輝　（執筆：５－４）

　サステナブル経営推進機構理事長、地球村研究室代表、東北大学名誉教授。自然のすごさを賢く活かすあたらしいものつくり「ネイチャー・テクノロジー」を提唱、2014 年からその上位概念である「心豊かな暮らし方」の構造の一つである「間抜けの研究」を鹿児島県沖永良部島へ移住、開始した。近著に『2030 年の未来マーケティング』、『危機の時代こそ、心豊かに暮らしたい！』、『バックキャスト思考で行こう！』、

『Nature Tech. &　Lifestyle』他多数。

小澤はる奈　（執筆：３－４）
　環境自治体会議環境政策研究所理事長、持続可能な地域創造ネットワーク東京事務所長。気候変動対策、資源循環、環境計画・マネジメントなど、自治体政策のサポートや人材育成に関する業務に従事。主な著書に『成功する生ごみ資源化－ごみ処理コスト・肥料代激減－』（共著）、『ゼロから始める暮らしに活かす再生可能エネルギー』（分担執筆）、『環境自治体白書／SDGs自治体白書シリーズ2019～』（編著）など。

倉阪秀史　（執筆：１－２、４－１）
　千葉大学大学院社会科学研究院教授。1987年から1998年まで環境庁で勤務。2006年から、全国の自治体の再生可能エネルギー供給量などを試算する「永続地帯研究」を実施。2017年に全国の自治体の人口減少のインパクトを視覚化する「未来カルテ」公表。2020年に自治体別の脱炭素可能性を把握する「カーボンニュートラルシミュレーター」公表。主な著書に『持続可能性の経済理論』、『環境政策論第３版』、『政策合意形成入門』など。

嶋田俊平　（執筆：３－1）
　株式会社さとゆめ代表取締役。地方創生の戦略策定から商品開発・販路開拓、施設の立上げ・集客支援、観光事業の運営まで、一気通貫で地域に伴走する事業プロデュース、コンサルティングを実践している。2019年、山梨県小菅村の分散型ホテル「NIPPONIA 小菅 源流の村」を開業、運営会社の株式会社EDGEの代表取締役を兼務。主な著書に『700人の村がひとつのホテルに』（単著）、『SDGsを活かす地域づくり～あるべき姿とコーディネイターの役割』（分担執筆）など。

田崎智宏　（執筆：３－４、５－３）

国立環境研究所資源循環社会システム研究室室長。世界資源研究所システムチェンジ・ラボ客員研究員。リサイクル政策、持続可能な消費と生産、将来世代考慮制度などの研究を行いながら、持続可能な社会への転換に必要となる事項を探求している。持続可能な資源循環のための生産者や関係者の役割の見直し、エビデンスベース型の政策決定をさらに一歩進めたビジョン創発型の政策決定などを提唱している。

杤尾圭亮　（執筆：３－４）

株式会社船井総合研究所地方創生支援部マネージャー。社会構想大学院大学　特任准教授。５万人未満の自治体向けに地方創生支援を行うコンサルタントとして活動する。主にマーケティングの手法を活用した地域特産品のブランド化、道の駅の新設・再生等を得意とする。一方で、現場での知見を整理・分析し地方創生を戦略的に行うアプローチを研究しながら、社会構想大学院大学で地方創生人材の育成にも取り組んでいる。

中村昭史　（執筆：５－１）

室戸ジオパーク推進協議会地理専門員。芝浦工業大学客員研究員。専門分野は都市・農村地理学、地域社会学、社会ネットワーク論。ネットワークと空間性の観点からソーシャルキャピタルの理論・方法論の検討、地域で実装可能な評価指標開発に取り組む。2020年より、ユネスコ世界ジオパークの専門員として、持続的な地域社会づくりに向けた地質資源・生態資源・文化資源の保全と活用、気候変動を含む多世代に向けた環境・防災教育などに取り組む。

野口正明　（執筆：３－２）

情報経営イノベーション専門職大学客員教授。すべてのひとに、とんがった想いや持ち味があり、多様であるが持論。それが解き放たれ、重なり合って、思いもよらぬ物語となるチームづくり支援がライフワーク。日米の企業人事、組織開発コンサルに勤務後、2017年末とんがりチーム®研究所を起業。また、トランジション・タウン藤野へ2013年末に移住。NPOふじの里山くらぶにて市民主導の気候変動アクションをリードし、2020年度環境大臣表彰受賞。

東健二郎　（執筆：４－２）

一般社団法人コード・フォー・ジャパン所属。Decidimの導入展開や自治体のデジタルトランスフォーメーション支援を行う。この他、京都・大阪・奈良においてITを活用した地域課題解決を行うシビックテック活動に参画するとともに、大阪大学社会ソリューションイニシアティブ招へい研究員として大阪・関西万博やSDGs活動におけるオンライン参加の仕組みの構築に従事している。

平野彰秀　（執筆：３－３）

地域再生機構副理事長、石徹白農業用水農業協同組合参事、石徹白洋品店株式会社取締役ほか。岐阜県郡上市の山間に位置する100世帯220人の集落・石徹白（いとしろ）にて、集落に暮らす先人から受け継いだサステナブルな知恵をもとに、小水力発電事業・端切れの出ない和服をベースにしたアパレル事業を展開している。

松尾祥子　（執筆：２－１）

SAFARI代表。「香り×心理×サステナビリティ」をベースに、ウェルビーイングやArt de Vivre（アール・ド・ヴィーヴル）を推進する。統合的心理療法を専門とする３年制修士プログラムを修了。心療内科や緩和ケア、大学病院などで経験を積んだ後、心理学や生理学をベースにしたプログラムを構築するほか、香りデザインや1 on 1、研修、グループワークを通じて個人や組織を支える。著書に『香りで気分を切り替える技術－香りマインドフルネス』（単著）、『休養学基礎』（分担執筆）など。

松浦正浩　（執筆：４－５）

明治大学専門職大学院ガバナンス研究科（公共政策大学院）専任教授。2010年頃よりオランダ・トランジション研究所の影響を受け、トランジション・マネジメントの方法論と実践を研究。主な著書に『トランジション：社会の「あたりまえ」を変える方法』（近刊）、『サステナビリティ・トランジションと人づくり：人と社会の連環がもたらす持続可能な社会』（共編著）、『おとしどころの見つけ方：世界一やさしい交渉学入門』、『実践！交渉学：いかに合意形成を図るか』、『コンセンサス・ビルディング入門：公共政策の交渉と合意形成の進め方』、『Joint Fact Finding in Urban Planning and Environmental Disputes』など。

水上聡子　（執筆：４－４）

アルマス・バイオコスモス研究所代表。地域計画コンサルタント研究職として自治体の政策検討に従事。シティズンシップ教育と内発的動機づけに関する研究・実践。国土交通省、農林水産省、環境省等の委員をはじめ、福井県環境審議会その他公職多数。福井県気候変動教育プログラム開発、坂井市まちづくりカレッジ企画運営、各種ワークショップファシリテーター等。日本環境教育学会、日本建築学会論文の他、共著に『循環都市へのこころみ』、『みんなで考える地球環境シリーズ 水の命があぶない』他。

森朋子　（執筆：２－２、２－３、４－３）

東京都市大学環境学部環境経営システム学科准教授。三菱総合研究所、国立環境研究所等を経て、現職。教育関係者や非営利団体と協働しながら、環境問題に対するシビック・アクションを促進する教育プログラムの開発に取り組んでいる。主な著書に『サステナビリティ・トランジションと人づくり』。

谷田川ルミ　（執筆：４－１）

芝浦工業大学工学部土木工学科教授。立教大学大学教育開発・支援センター学術調査員を経て、2013年より現職。大学では主に教職課程を担当。専門分野は教育学，教育社会学。教育の視点から，持続可能な地域社会を実現する人材育成の研究を行っている。主な著書に『ダイバーシティ時代の教育の原理－多様性と新たなるつながりの地平へ』（編著)、『大学生のキャリアとジェンダー　－大学生調査にみるキャリア支援への示唆』（単著)、『子ども・若者の文化と教育』（編著）など。

吉田綾　（執筆：５－３）

国立環境研究所資源循環領域主任研究員。上智大学非常勤講師。再生資源・廃棄物の越境移動、アジア地域での廃電子電気機器のリユース・リサイクルについて調査研究する。2016年頃から、脱物質志向ライフスタイルに関する研究に取り組んでいる。『これってホントにエコなの？』監訳など。

持続可能な発展に向けた地域からのトランジション
～私たちは変わるのか・変えられるのか

発　行　日　　2023年8月31日
編　著　者　　白井信雄・栗島英明
発　行　者　　波田敦
発　行　所　　株式会社環境新聞社
〒160-0004　東京都新宿区四谷3-1-3　第1富澤ビル
電話　03-3359-5371　FAX　03-3351-1939
https://www.kankyo-news.co.jp
表紙デザイン　　春仲萌絵
印刷・製本　　モリモト印刷株式会社

ISBN　定価はカバーに表示しています。